Para minhas inspiradoras filhas, Catherine e Tamina

Sumário

Introdução

Certa vez, meu tio Herman resumiu um curso de metafísica de um ano numa única e curta frase: *Tudo o que acontece simplesmente acontece porque tudo no mundo acaba de acontecer.* Ele estava me dando aulas num período de minha vida em que eu me impressionava com facilidade, quando meus outros tios, seus irmãos mais novos, estavam me ensinando como ler um cupom de aposta de corridas de cavalos, esperando me atrair para um passatempo muito estimado pela família. Na ocasião, eu tinha 10 anos, e não sabia o que fazer com o adágio desconcertante de meu tio Herman. Durante anos, ficou registrado em minha mente, incubando ali, até que, certo dia, no início da idade adulta, seu significado finalmente se revelou. Como criança, sempre questionei por que certas coisas aconteciam e outras não, e, como para a maioria das crianças, as respostas surgiam através das sessões de "E se...".

No ensino médio, numa luta de boxe, Jack, irmão mais novo de Herman, foi nocauteado e perdeu a consciência, e, pelo resto da vida, sofreu de dores de cabeça e algum tipo de distúrbio mental, julgado sério o suficiente para ele ter de ser internado pelo resto da vida num hospital psiquiátrico. Toda semana, Jack passava por eletrochoques no Greystone Park Psychiatric Hospital, local que, antigamente, era conhecido como Manicômio do Estado de Nova Jersey. Até o nome de seu tratamento era chocante: eletroconvulsoterapia. Durante metade da vida, ele resistiu ao sofrimento daqueles choques brutais, aplicados através de placas de metal que imprensavam sua cabeça com firmeza. Essa experiência terrível só pode ser imaginada, uma tortura. Como ele disse, pior "do que ser picado continuamente por 1 milhão de vespas". Cada choque não durava mais do que um bilionésimo de segundo, mas sua memória brutal retornava provocando abalos secundários.

Exceto pelos tufos de pelos cinzentos sobre a pele marcada de suas bochechas, Jack nunca me pareceu estranho.

Ele tinha as melhores piadas, um sorriso genuíno, as melhores histórias de aventuras – que contava como se tivessem acontecido de verdade. Então, minha mente em seus 10 anos de idade contemplava os "e se..." como se o nocaute fosse a real causa de tudo o que Jack tinha de anormal; como se eu pudesse voltar no tempo e fazer com que meu tio favorito vivesse uma vida normal. E se ele estivesse doente naquele dia e não tivesse ido à escola? E se o oponente estivesse doente, ou... e se Jack tivesse derrubado o outro cara antes? Dois eventos específicos coincidiram em um momento – como sempre, claro. Mas o nocaute foi resultado de um direto na cabeça no exato momento em que a guarda de Jack estava baixa demais para protegê-lo. Baixa e lenta demais.

Minha infância foi cheia de "e se..." na esperança de alterar momentos desagradáveis, mas o mais angustiante aconteceu pouco antes de meu 13º aniversário. Estava voltando da escola para casa, pedalando minha bicicleta Raleigh vermelha de três marchas numa calçada de concreto rachado, quando uma pedra bateu contra os raios da roda dianteira e ricocheteou, atingindo a porta de um carro estacionado. Eu freei e me virei para ver quem tinha a jogado. Naquele momento, de repente, o mundo tornou-se vermelho. Eu ainda conseguia enxergar. Foi como se o meu cérebro aturdido ainda não tivesse processado o que havia acontecido. Através do sangue escorrendo de minha pálpebra, pude ver um garoto do outro lado da rua, pronto para jogar outra pedra. Aparentemente, ele não entendia que já tinha atingido meu olho. Gritei e caí na calçada, sem entender o que tinha acabado de acontecer. No momento seguinte, lembro-me de estar sentado numa cama de hospital, com o olho esquerdo coberto por uma bandagem, tomando conhecimento de que eu, provavelmente, jamais voltaria a enxergar com aquele olho. Aqueles "e se..." foram tão intensos que precisei de anos para sossegarem. Quando expus o dilema para minha mãe, ela me consolou, dizendo que tive sorte de que a pedra não pegou na cabeça afetando o meu cérebro.

– Sério que podia ter afetado o meu cérebro? – perguntei, como se minha mãe soubesse algo a respeito de neurociência.

– Sim, é claro – ela respondeu. E assumi aquilo como uma certeza clínica.

No entanto, o consolo de minha mãe não deteve os "e se..." referentes aos esforços terríveis de trazer de volta a visão de meu olho esquerdo. *E se a trajetória da pedra tivesse desviado um pouco? E se eu não tivesse parado para olhar em volta? E se aquela primeira pedra não tivesse atingido os raios da roda?* Passaram-se alguns anos até eu aprender que coincidências ruins são as cicatrizes das batalhas da vida. Como as rugas de um rosto envelhecido, são as notas altas de uma vida ativa, as sinalizações dos caminhos percorridos. A vida em si é uma sequência interminável de acasos e coincidências, levando a alguns sucessos, alguns fracassos, alguns constrangimentos e alguns prazeres. Nunca saberemos os marcos da fortuna e do infortúnio ao longo dos caminhos não escolhidos. Nossas decisões em bifurcações e encruzilhadas, num emaranhado de acasos e coincidências, determinam nossos destinos, na tentativa de maximizar nossos prazeres e minimizar nossos fracassos, diante de tudo que a vida nos dá.

As coincidências geram histórias magníficas. Nós as consideramos eventos surpreendentes, maravilhosos em sua raridade, e ignoramos quaisquer explicações sensatas, ainda que muitas das melhores possam ser explicadas como previsíveis matematicamente. Conte uma história de coincidência num evento social e você chamará a atenção de todos. Por quê? Porque, nessa galáxia enigmática, isso transmite uma forte noção de vínculo entre seres humanos, estimula o significado da existência e ratifica nosso desejo por individualidade.

Este livro é uma coleção de encontros desconcertantes e histórias fantasmagóricas, que nos lembram de como o mundo é, ao mesmo tempo, enorme e pequeno. Inclui métodos matemáticos práticos para avaliar a probabilidade da história e examinar a natureza da frequência da coincidência, explicando por que as coincidências nos surpreendem enganosamente quando acontecem. Abrange os primeiros desenvolvimentos das ferramentas matemáticas para o entendimento da aleatoriedade, levando-nos a pensar nas coincidências como consequências de viver num mundo enorme e com grande quantidade de possibilidades aleatórias.

Há dois problemas clássicos que fornecem maneiras matematicamente apropriadas para a medição de coincidências. Um envolve uma questão contrária à intuição: o problema que envolve aniversários, que diz que, em qualquer grupo de 23 pessoas, as chances são quase de 50% que duas pessoas comemorem o aniversário no mesmo dia. O outro envolve o problema do macaco, que pergunta: se dado um grande período de tempo, um macaco, digitando aleatoriamente num teclado de computador, poderá escrever o primeiro verso de um soneto de Shakespeare? Esses dois problemas, junto com a lei dos grandes números, a teoria das variáveis ocultas, e a lei dos números realmente grandes nos dão uma compreensão razoável de por que as coincidências ocorrem com muito mais frequência do que o esperado. A lei dos números realmente grandes é um adágio filosófico, sendo o argumento central deste livro. Em poucas palavras, ela afirma que, se há alguma possibilidade de que algo aconteça, independentemente de quão pequena a probabilidade, deve acontecer em algum momento. Não é um teorema que pode ser provado. Afinal de contas, utilizei a frase "deve acontecer", que é tão ambígua quanto qualquer frase pode ser. No entanto, dá uma noção de como as coincidências são comuns.

O livro possui quatro partes. A parte I apresenta um pequeno grupo de histórias de coincidência para fins de reflexão, antes da tentativa de entendimento das frequências dos eventos coincidentes. Cada história representa uma classe completa de histórias que possuem características analíticas similares. A parte II abrange toda a matemática que você precisa saber para ser capaz de entender o argumento central do livro. Na parte III, retornamos para as dez histórias representativas da parte I, para analisarmos suas frequências e descobrirmos que a aleatoriedade absoluta, enquanto teoria, não é igual à aleatoriedade absoluta do mundo físico, real. A parte IV oferece uma possibilidade divertida de explorarmos aquelas coincidências que desafiam a análise, tais como histórias trágicas e estranhas de incriminação por meio de evidência de DNA, avanços científicos atribuídos à sorte, apostas perigosas em mercados financeiros, maravilhas da percepção extrassensorial e tramas envolvendo coincidência na ficção e no folclore. Também nessa parte, os capítulos são razoavelmente independentes uns dos outros.

Ao chegar ao final do livro, você estará olhando para os mistérios das coincidências através de lentes curiosas, que focalizam como elas acontecem e são incríveis. O livro não só revelará as surpresas por trás dessas frequências, explicando como as coincidências acontecem, mas também mudará a maneira como enxergamos as coisas. A maioria dos eventos ou circunstâncias diários não chega a nós de maneira simples, mas está ligado a muitos outros eventos e circunstâncias, que não chamam nossa atenção. Qualquer evento individual é resultado de muitos outros, junto com conceitos complexos além de nosso alcance. Assim, embora use a matemática para explicar por que algumas coincidências acontecem, também aceitarei – e, às vezes, defenderei – algumas noções de destino, quando as explicações racionais parecerem fracas, e admitirei que, de vez em quando, é agradável acreditar que há um plano maior governante, que não somos capazes de explicar.

Embora admita desmantelar a impressão de que coincidências são raras, jamais tento suprimir a mística e o encanto de uma boa história. Se estilhaço a aura do encontro coincidente de alguém, só faço isso para avaliá-la do ponto de vista matemático. Não tenho o desejo de frustrar a criação de histórias. Você pode discutir comigo a respeito da questão do destino ou do acaso, e pode até me convencer de que ninguém conhece o suficiente do universo para afirmar de forma definitiva se as coincidências são ou não determinadas de forma misteriosa por algum projeto profundamente significativo. Posso até concordar com você que os acasos, por definição, não têm explicação racional para acontecer. Mas a matemática é real e clara. As coincidências acontecem com mais frequência do que pensamos, predominantemente porque vivemos num mundo maior do que o imaginado, com mais de 7 bilhões de pessoas tomando decisões a cada segundo, levando a um número inimaginavelmente grande de resultados dependentes. Fornece-nos um universo de causalidade, vasto e complexo, um lugar onde eventos improváveis acontecem só porque há muitas possibilidades e muitos de nós estamos disponíveis para experimentá-las. As coisas coincidem por mera casualidade, sem qualquer presença aparente de causa, embora *aparente* seja uma dessas palavras ardilosas, cujo significado é difícil de especificar.

Todos nós temos histórias pessoais de coincidência. A minha alcança o status de coincidência porque assume grande importância para mim. O fato de conhecer minha mulher em 1969, no dia do protesto pelo fim da Guerra do Vietnã, numa multidão de centenas de milhares de pessoas no parque Boston Common, parece espantoso para mim, porque foi muito importante num caminho decisivo de minha vida. Esses eventos nos instigam a querermos saber a respeito dos "e se..." dos momentos decisivos: e se eu tivesse parado para amarrar o cordão do sapato durante a passeata, enquanto duzentos manifestantes passavam por mim? Ou se eu tivesse entrado no parque dez metros ao norte? Mas isso é mesmo uma coincidência ou apenas um acontecimento analisado em retrospecto?

Até aqui, nessa introdução, usei a palavra *coincidência* 24 vezes como sinônimo aceitável para "uma possibilidade acontecendo", ou, mais estritamente, para uma convergência de personagens ou objetos no tempo e no espaço. Até agora, assumi seu significado como sendo autoexplicativo, mas, para ser mais preciso, concordemos com a definição mais formal a seguir:

Coincidência. *S. f.* Uma surpreendente concomitância de eventos ou circunstâncias, que são mutuamente adequados ou que possuem significado recíproco, mas entre os quais não há ligação causal aparente.[1]

De algum modo, o uso coloquial dessa palavra tende a se deslocar para uma interpretação que ignora a parte que requer surpresa e que também espera que qualquer causa seja não aparente. Para nós, sustentamos que qualquer coincidência deve ter a presença da surpresa e, se houver qualquer causa, deve ser uma que seja não aparente. Uma surpresa na coincidência está intimamente ligada a uma causa não aparente. Quando utilizamos a frase *causa não aparente*, queremos dizer que há uma causa que é desconhecida do público. As coincidências possuem causas. Dessa maneira, sim, a questão da relatividade emerge: para quem a causa é desconhecida? Para nossos propósitos, assumiremos que, por *público*, queremos dizer a pessoa que experimenta a coincidência, e também qualquer um para quem a história é contada.

Por outro lado, um significado para *acaso* é similar, sem as condições de surpresa e causa aparente.

Acaso. *S. m.* [Origem desconhecida]: um resultado ou vantagem acidental de uma ação: um extraordinário golpe de boa ou má sorte.[2]

E *serendipidade* se restringe a eventos agradáveis.

Serendipidade. *S. f.* A ocorrência e o desenvolvimento de eventos por acaso, de maneira feliz ou benéfica.

Quase todas as histórias são contadas através de uma série de eventos – encontros de personagens e objetos –, acontecendo em algum momento. Édipo mata um homem no caminho para Tebas e, através de uma cadeia de eventos, dorme com a própria mãe. Nesse caso, qual é a causa aparente? É a cadeia, cada elo com uma causa aparente. Vale notar que cada coincidência é uma cadeia de eventos, com cada elo causal, mesmo no mundo real da não ficção.

Neil Forsyth, ensaísta e *professeur honoraire* da Universidade de Lausanne, chama as cadeias de coincidência de "o deleite do inesperado".[3] Ele está se referindo às coincidências ficcionais em Dickens, mas esse deleite do inesperado também é verdadeiro no mundo real da não ficção. Resulta da necessidade profunda e do desejo intenso de decifrar o não familiar estranho, uma necessidade que, antigamente, foi vital para o entendimento humano e proteção contra o desconhecido.

Para muitas das coincidências mais surpreendentes, as causas não aparentes podem ser muito profundas para ser descobertas. É mais fácil acreditar que são inesperadas do que no fato de que uma coisa extraordinária acaba de acontecer; é mais confortante e promissor para nossas próprias perspectivas. De qualquer forma, elas nos deleitam.

A soma de $1^3 + 5^3 + 3^3$ dá 153. Isso é uma coincidência? A causa não é aparente. Talvez nem mesmo exista causa. Ou considere a sequência totalmente aleatória de 60 números:

458391843333834534555555555555
185803245032174022234935499238

Podemos desconfiar da série contínua de números 5 no meio. Esses números 5 podem ser "quentes", mas a matemática diz para não ficarmos tão surpresos. Até prediz que essa sequência de números iguais acontecerá com muito mais regularidade do que pensamos.

As coincidências são onipresentes. Tudo se reduz ao fato de reparar nelas. Pouco antes de escrever essa introdução, estava passando o aspirador de pó muito perto de meu dicionário de 2.262 páginas. Como sempre, para proteger sua volumosa encadernação, estava aberto numa página um pouco além do meio. Subitamente, o aspirador sugou uma página completa. Consolando-me, pensei: "Será que vou precisar alguma vez da página 2072? Provavelmente, não." Menos de uma hora se passou quando fui consultar o teor exato do verbete para *serendipidade*. Você pode imaginar em que página essa palavra estava. Quando você escreve um livro a respeito de coincidências, você repara nelas mais do que nunca.

Parte I

As histórias

Coincidência

Começa como história real,
primeiro, maravilhosa e rara,
depois, colisões colossais
de assuntos galácticos
ocorrem de modo surpreendente,
ficamos confusos em nossos pensamentos
achamos que podem ser só acasos
acreditamos muito nisso
mas e se não forem?
– J.M.

A vida é cheia de expectativas, tarefas e prazeres agradáveis, mas nos encontros desconcertantes e nas histórias fantásticas sentimos a bênção de estarmos vivos. Eis o exame de alguns poucos relatos de como nosso mundo é, simultaneamente, enorme e pequeno, e de como conseguimos distinguir acasos de coincidências. Na parte III, retornaremos a essas histórias, depois de obtermos alguns mecanismos para iluminar seus elementos quantitativos ocultos.

Capítulo 1

Momentos excepcionais

Você se lembra da vez em que estava caminhando sem pressa por uma rua numa cidade estrangeira, Paris ou Bombaim, e deu de cara com um velho amigo, que não via há muito tempo? Aquele velho amigo com quem você deu de cara: o que ele estava fazendo ali, naquele lugar e naquela hora? Ou lembra aquele momento em que você quis alguma coisa e ela aconteceu? Ou a sequência de má sorte quando tudo deu errado durante suas férias por causa de um momento infeliz? Ou aquela vez em que ficou surpreso de conhecer alguém que tinha nascido no mesmo dia que você? Existiram vezes em que você deve ter tido a súbita sensação de sincronicidade que encolhe o universo, uma transformação esclarecedora, que amplia seu lugar no cosmos. Você se sentiu parte de um círculo de humanidade ampliado e focado, com apenas algumas pessoas – ou talvez apenas você – no centro.

Você já levantou o gancho do telefone para ligar para alguém a quem não ligava há um ano e, antes de digitar o número, escutou a pessoa na linha? Em 1969, aconteceu isso comigo. Pense nisso: parece mais provável de acontecer do que não. Afinal, todo um ano havia se passado – 365 dias em que nada aconteceu. Adicione a esse número de dias o ano anterior; outro ano em que nada aconteceu. E adicione a este o número de dias daquele tempo até agora. Nunca aconteceu de novo. Agora estamos falando de um período de tempo substancial em que a coincidência não aconteceu.

Imagine a seguinte história. Você está sentado num café em Ágios Nikolaos, na ilha de Creta, e escuta uma risada familiar numa mesa, num café vizinho. Você se vira para observar a pessoa. É um homem. Você não acredita no que vê: é o seu irmão. Mas ali está ele, inequivocamente seu irmão. Ele também o vê e está tão surpreso quanto você. Isso aconteceu comigo em 1968. Nenhum de nós sabia que o outro não estava em casa, em Nova York ou Boston.

Ou imagine isso. Você está olhando livros usados num sebo longe de sua casa e encontra um livro que recorda sua infância. Você o abre e encontra sua letra. É um exemplar de *Moby Dick* com seu nome na contracapa e anotações nas margens do livro todo. Era um livro que você usava na escola. Aconteceu com um amigo, que me disse que estava olhando as estantes de um sebo em Dubuque, em Iowa, uma cidade em que ele jamais tinha estado antes.[1]

Em 1976, minha mulher, nossos dois filhos e eu estávamos viajando pela Escócia, quando, num dia nevoso, nosso carro Vauxhall quebrou na cidadezinha de Penicuik. O mecânico da única oficina da localidade disse que o problema era o alternador, e que ele só conseguiria trocá-lo em três dias. Fomos até o *pub* mais próximo, esperando passar a noite. O dono do estabelecimento era um homem de poucas palavras, mas, quando contamos para ele que éramos americanos, ele se animou e disse com orgulho: "Na próxima semana, uma cantora americana fará uma apresentação aqui. Vocês devem conhecê-la. Não sei o nome dela, mas há um cartaz no escritório." Ele trouxe um grande cartaz anunciando um show de Margaret MacArthur, com a oferta de *stovies* (prato tradicional escocês, contendo obrigatoriamente batata e, ocasionalmente, cebola e sobras de carne).[2]

– Margaret MacArthur! – minha mulher e eu exclamamos, simultaneamente. – Ela é nossa vizinha. Nós a conhecemos muito bem!

O taberneiro assentiu com um gesto de cabeça, e com uma expressão confusa, murmurou:

– Achei que a conheciam.

Realmente, os Estados Unidos é um país muito pequeno.

Há momentos em que somos surpreendidos por coincidências impressionantes. São os focos da rede de associações da natureza, pois, sobretudo na solidão da era digital, queremos nos ajustar no mundo intimidante com um senso de individualidade, uma identidade, um propósito e uma sensação de que algumas partes de nossas vidas destinadas. Assombrados com a vastidão arrepiante do universo em contínua expansão, num espaço e tempo infinitos, é tranquilizador pensar que estamos mais ligados do que supomos, ou que o universo se alinha para nós.

Em relação a qualquer história de coincidência, há a questão da possível existência de algo no universo que perturbou o tempo e o espaço para ativar a coincidência e ocultar sua causa. Algumas pessoas questionaram se há ligações metafísicas. Outras afirmam que há uma unicidade nesse universo, uma energia que não somos capazes de ter consciência, uma força que modifica nossos padrões de comportamento, um *conhecer* algo que não conhecemos.

A causalidade é a maneira do Ocidente de interpretar o significado dos eventos. No século XIX, a causalidade ocidental tinha a estrita visão da física clássica; ou seja, as leis da natureza regem o movimento e a interação de todos os objetos observáveis. Se as variáveis do estado presente são conhecidas com precisão, então o futuro é previsível. Em outras palavras, as previsões do futuro estão vinculadas a qualquer coisa que podemos saber do passado e do presente. No entanto, no início do século XX, com a invenção da mecânica quântica, a filosofia ocidental passou por uma mudança radical de ponto de vista: os objetos observáveis são regidos por eventos inobserváveis do mundo quântico, governados por regras simples, maravilhosas. Uma dessas regras sustenta que não há caminhos não pegos. Cada partícula é ordenada a seguir não apenas um caminho, mas também todos os caminhos possíveis, com uma probabilidade que depende do caminho. Do ponto de vista da mecânica quântica, a previsibilidade se limita a probabilidades que um objeto vai estar em algum lugar em cada caminho e num estado específico. Em outras palavras, a observação meticulosa de exatamente o que aconteceu no passado só nos dá probabilidades incertas do que pode acontecer no futuro.

Naturalmente, sempre há a questão do que faz uma pessoa escolher um caminho adiante. Não estamos falando do caminho mecânico de um objeto. Por que você, caro leitor, escolheu ler isso neste livro? Você tem livre-arbítrio, que quase não tem nenhuma ligação com a física clássica, ou com o caminho dos objetos observáveis, ou com a nova física. As coincidências deste livro estão relacionadas com decisões tomadas por pessoas, caminhos pegos e não pegos. As decisões humanas são uma questão de livre-arbítrio, em que nem relatividade nem mecânica quântica entram no jogo, embora sempre existam outras influências externas significativas. Nós decidimos um caminho. Outra pessoa decide outro caminho. Então, *crash!* Os caminhos se encontram, e não temos causa aparente.

O problema com o aparente é que requer um objeto observável percorrendo um caminho observável. Assim, a menos que haja ligações por ondas cerebrais entre indivíduos distintos, o livre-arbítrio supera todas as influências quânticas.

No entanto, também há o modo oriental. Os chineses, por exemplo, possuem o Tao, em que os opostos se neutralizam mutuamente, criando um quadro completo e total. Nele, o nada também faz parte do todo. Um bloco de pedra pode se tornar uma escultura definida pela pedra remanescente e pela pedra que foi entalhada. Sem dúvida, é um modo de pensamento distinto. A crença do Tao também é diferente de qualquer teologia que observa o mundo como se tudo nele, desde as células dos organismos até as partículas subatômicas dos minerais, estivesse predeterminado desde o tempo da criação, e as leis que governam a causalidade pudessem ser quebradas só se ratificadas pela vontade de Deus. Os taoistas acreditam que as coincidências estão na afinidade com todas as coisas, e, por esse motivo, todos os eventos do mundo se situam em um relacionamento além de qualquer causalidade e quaisquer aparências. Em outras palavras, não há acasos. No entanto, os mesmos taoistas também acreditam que subjacente a isso há uma racionalidade oculta. No venerado *Tao Te Ching*, um livro com cerca de 2,5 mil anos, podemos ler:

> A rede celeste é maravilhosamente vasta e envolvente;
> Embora com malha larga, nada escapa através dela.[3]

Assim como todas as partes de todo um trabalho em harmonia se complementam mutuamente, todos os eventos do mundo se mantêm num relacionamento significativo com o todo, que está no controle "significativo" central.

Walt Whitman também nos diz que temos alguma ligação com o Todo, e que há um propósito moral e uma intenção que somos forçados a seguir inconscientemente. Ele afirma isso dessa maneira:

> Como dentro dos propósitos do Cosmos, e vivificando toda a meteorologia, e todo o amontoado dos mundos mineral, vegetal e animal – todo o crescimento físico e o desenvolvimento do homem, e toda a história da raça na política, nas religiões, nas guerras etc., há um propósito moral, uma intenção

visível ou invisível, certamente subjacente a tudo (...) algo que satisfaz completamente (...). Este algo é o Todo, e a ideia do Todo, com a ideia concomitante da eternidade, e de si mesma, a alma, flutuante, indestrutível, navegando pelo espaço para sempre, visitando cada região, como um navio no mar.[4]

Capítulo 2

A garota de Petrovka e outras coincidências agradáveis

Que ligação pode ter havido entre as diversas pessoas nas inúmeras histórias desse mundo, que, de lados opostos dos grandes golfos, foram curiosamente reunidas!

– Charles Dickens, *A casa soturna*[1]

Quando você deixa sua casa, muitos encontros e acontecimentos são possíveis. A probabilidade de cada um acontecer pode ser pequena, mas, quando os agrupamos e procuramos a probabilidade de que pelo menos um deles aconteça, as possibilidades aumentam. Essas histórias são apenas dez de muitas que representam de maneira eficaz dez categorias características. Na parte III, elas serão analisadas.

História 1: A garota de Petrovka

Categoria: Objetos perdidos, improváveis de ser localizados, acidentalmente achados por alguém que os procura.

Uma das histórias de coincidência mais célebres envolve o ator Anthony Hopkins. Após ser escalado para desempenhar o papel de Kostia na versão cinematográfica de *A garota de Petrovka* (1974), Hopkins passou algum tempo procurando o romance nas livrarias próximas da estação de metrô Leicester Square, em Londres. Malsucedido em sua busca e prestes a voltar para casa, percebeu um livro sobre um banco naquela mesma estação. Não só era um exemplar de *A garota de Petrovka*, mas também o exemplar perdido pertencente ao seu autor, George Feifer.

É uma história verdadeiramente desconcertante. Eu deveria ser forçado a admitir que ela é tão estranha a qualquer teoria razoável da frequência de coincidências que teria de felicitá-la por escapar de qualquer explicação. No entanto, na realidade, essa história não se subtrai a análise. O próprio George Feifer me contou o que aconteceu: ele tinha usado um exemplar da edição norte-americana de *A garota de Petrovka* para sublinhar as palavras que precisavam de tradução britânica para a publicação do livro no Reino Unido. Ele apresentou as traduções ao editor britânico e as verificou nas provas de impressão. Certo dia, ele encontrou um amigo na Hyde Park Square e deu-lhe sua edição norte-americana. No atordoamento do momento, o amigo pôs o livro sobre a capota de seu carro e, atrasado para um encontro vespertino com uma garota, arrancou rapidamente. Ao ver Feifer no *set* de filmagem, Hopkins contou a ele que tinha encontrado o livro sobre um banco de uma estação de metrô. Escrevi para Hopkins, em busca de sua versão da história. Previsivelmente, ele nunca me respondeu.

História 2: Jack Frost and Other Stories

Categoria: Inesperadamente, achou objetos pessoais não procurados.

Uma história comparável envolve a escritora Anne Parrish. De acordo com a versão original (muito diferente das muitas histórias flutuando através do ciberespaço), em Paris, após assistir a uma missa na catedral de Notre-Dame e visitar o mercado de pássaros, num domingo ensolarado de junho de 1929, Anne e seu marido, o industrial Charles Albert Corliss, pararam no Les Deux Magots para almoçar. Deixando Charles sozinho com seu vinho, ela foi dar uma olhada nas bancas de livros junto às margens do Sena. Não era incomum para ela passar horas examinando fileiras de livros sobre mesas longas. Naquele dia, Anne encontrou *Jack Frost and Other Stories*, de Helen Wood. Após pechinchar um pouco com o livreiro, ela pagou um franco, voltou direto ao encontro do marido, que ainda estava tomando vinho, pôs o livro excitadamente nas mãos dele, e lhe disse que era um de seus livros favoritos na infância. Lentamente, Charles folheou as páginas. Após alguns instantes de silêncio, ele devolveu o livro para a mulher aberto na folha em branco do início, onde estava escrito a lápis, num garrancho infantil desajeitado: "Anne Parrish, 209 North Weber Street, Colorado Springs, Colorado".[2] Tinha sido o livro de Anne quando criança.[3]

História 3: A cadeira de balanço

Categoria: Requerendo tempo e espaço razoavelmente precisos e encontros inesperados não humanos.

Uma coincidência deve ser mais do que uma história forçada a oferecer uma surpresa ou ocultar sua causa. Eis uma que aconteceu comigo há alguns anos. Minha mulher estava grávida e uma tia lhe recomendou ter uma cadeira de balanço confortável para amamentar. Ela enviou um cheque para pagar a nova cadeira de balanço. Meu irmão tinha a cadeira perfeita, e minha mulher e eu encontramos uma igual numa loja de móveis, em Cambridge. Era larga, estilo Shaker, com fusos finos pretos e um encosto alto. No entanto, não estava disponível no estoque. Então, pedimos que ela fosse enviada para a casa de meu irmão, em Cambridge, quando estivesse disponível para entrega. Em nossa próxima visita, nós a pegaríamos ali e a levaríamos para Vermont. Algumas semanas depois, meu irmão e sua esposa estavam dando uma festinha. Um convidado sentou na cadeira de balanço deles, que desabou, quebrando-se em pedaços. Meu irmão, cortesmente, disse ao convidado para não se preocupar. Naquele exato momento a campainha tocou e nossa cadeira foi entregue. Alguém pode imaginar a surpresa dos presentes quando meu irmão aproveitou a oportunidade para consolar o convidado, afirmando: "Ah, tudo bem. Acabamos de pedir uma reposição."

História 4: O escaravelho de ouro

Categoria: Coincidências oníricas num tempo e espaço relativamente generosos.

Uma jovem paciente contou ao psiquiatra suíço Carl Gustav Jung seu sonho a respeito de um escaravelho de ouro. Temos a versão de Jung: "Enquanto ela contava esse sonho, eu estava sentado de costas para a janela fechada. De repente, escutei um barulho atrás de mim, como um tapinha. Virei-me e vi um inseto voador batendo contra o vidro da janela, do lado de fora. Abri a janela e peguei o inseto no ar quando ele voou para dentro. Era a analogia mais próxima a um escaravelho de ouro que alguém encontra em nossas latitudes, um besouro escarabeíno."[4] Jung prosseguiu, afirmando: "Frequentemente, sonhamos com pessoas de quem recebemos uma carta. Em diversas ocasiões, constatei que, no momento em que o sonho aconteceu, a carta já estava na agência de correio do destinatário."[5]

História 5: Francesco e Manuela

Categoria: Encontros inesperados de pessoas em tempo e espaço precisos.

Minha mulher e eu estávamos num furgão que percorria a estrada sinuosa que atravessava a Costa Esmeralda, as colinas costeiras orientais da Sardenha, bem acima das águas verde-esmeralda translúcidas do mar Tirreno. Ficávamos assustados quando nosso motorista italiano apontava para locais históricos, enquanto virava a cabeça para frente e para trás, dando rápidas espiadas nas curvas perigosas adiante e lançando olhares para os passageiros nos assentos traseiros. Estávamos a algum tempo na Studitalia, escola de línguas italiana, em Olbia, uma pequena e pitoresca cidade portuária na costa norte da Sardenha. Era um fim de semana. E – como acontecia em todos os finais de semana – a escola tinha oferecido aos seus alunos uma excursão imersa na cultura e beleza do local. O motorista era Francesco Marras, diretor da escola.

Um aluno sentado no assento dianteiro lhe perguntou quando e como a escola começou.

"Bem", ele começou sua resposta, pensando na história que estava prestes a contar, enquanto o furgão avançava pela estrada segundos antes da próxima curva. "Quando a escola abriu, apenas três anos atrás, em 2010, tinha apenas um aluno." Com o típico estilo italiano, Francesco usou a mão direita para ilustrar a história e a esquerda para dirigir despreocupadamente o veículo.

Assim, tomamos conhecimento de como, no dia da abertura da escola, Francesco se dirigiu ao saguão do Hotel de Plam, para se encontrar com a primeira aluna, Manuela, de Madri, para uma excursão de orientação, que envolvia um passeio de barco até a impressionante Isola Tavolara, enorme ilha rochosa com o topo plano, a cerca de cinco quilômetros da costa. Como Francesco e Manuela chegaram cedo e o barco estava atrasado, foram até um café. Ficaram uma hora, conversando em italiano. Manuela falou sobre a Espanha, o trabalho, o namorado e seus interesses. Francesco falou da escola. Logo, Francesco começou a se perguntar por que Manuela queria aulas de italiano se o domínio dela da língua era tão bom.[6] Quando ele, finalmente, perguntou acerca do nível de italiano que ela esperava aprender na escola, a confusão ficou clara.

– Aprender italiano? Por que você acha que preciso de aulas de italiano? – perguntou.

A confusão durou mais alguns minutos até Francesco perceber que Manuela era a Manuela errada, que tinha esperado encontrar, no saguão do hotel, alguém com o nome de Francesco!

Os dois voltaram ao hotel e, ali, encontraram o outro Francesco entrevistando a outra Manuela para um emprego que ela não esperava nem queria.

Por que essa história é tão surpreendente? Porque foi humanizada, como uma história com lugar e tempo, nomes específicos, um personagem vivaz, que parece estar falando a verdade. Intelectualmente, não somos feitos de tolos. Sabemos que, devido à grande quantidade de possibilidades, esses encontros acontecem, e não são tão incomuns.

História 6: Motorista de táxi albino

Categoria: Encontros inesperados de pessoas em momento e espaço consideráveis.

Essas histórias e outras como essas são mais comuns do que pensamos. Nós as ouvimos e muitos de nós as experimentaram. Não faz muito tempo uma mulher que conheci me contou uma história maravilhosa: certo dia, em Chicago, ela entrou num táxi conduzido por um homem albino. Três anos depois, em Miami, entrou num táxi conduzido pelo mesmo homem. "Então, quais são as probabilidades disso acontecer?", ela me perguntou. Sim, essa é uma história maravilhosa, mas vamos desconstruí-la. Os táxis frequentam regiões específicas. A mulher é executiva de uma empresa de investimentos, alguém que pega táxis com frequência, em diferentes cidades importantes. Os motoristas de táxi que não são albinos não são tão distinguíveis. Assim, uma pessoa que usa táxis frequentemente pode esperar parar um táxi sem perceber que o motorista é familiar, a não ser que ele, por acaso, seja uma pessoa albina. No entanto, concordo que devemos nos entregar a algum tipo de fascínio com o fato de que a distância entre Miami e Chicago é de quase 2 mil quilômetros.

História 7: Plum pudding

Categoria: Associações com objetos familiares.

Eis outra história a respeito de uma campainha que toca para anunciar um visitante de surpresa e inclui coincidência. Tomei conhecimento dessa história junto com diversas outras em *L'Inconnu: The Unknown*, de Nicolas Camille Flammarion, astrônomo do início do século XX.[7] É uma dessas duplas coincidências, do tipo que provoca algum espanto, e, depois, uma nova surpresa acontece para superá-la, convertendo-a numa tripla coincidência.

Flammarion conta uma história narrada por Émile Deschamps, poeta célebre do século XIX. Deschamps era um garoto, no internato em Orléans, na França, quando conheceu um emigrante inglês com um nome curiosamente não inglês, M. de Fortgibu. Jantando na mesma mesa, M. de Fortgibu sugeriu que o jovem Deschamps experimentasse uma sobremesa tradicional inglesa quase desconhecida na França: *plum pudding*.

Por dez anos, Deschamps, sem ter visto ou ouvido falar a respeito de M. de Fortgibu novamente, esqueceu-se de sua descoberta de um pudim de ameixas que estranhamente não continha ameixas, mas, sim, passas. Dez anos depois, ao passar por um restaurante, no Boulevard Poissonière, que continha o estranho pudim em seu cardápio, Deschamps se lembrou de M. de Fortgibu. Ele pediu uma porção, mas foi informado pelas moças do balcão que um certo cavalheiro tinha pedido todo o pudim. Uma das mulheres se virou para um homem, em uniforme de coronel, que estava comendo em uma das mesas.

– O senhor faria a gentileza de dividir seu pudim com esse cavalheiro? – perguntou ela para M. de Fortgibu.

Deschamps não reconheceu M. de Fortgibu.

– Claro – M. de Fortgibu respondeu. "Terei grande prazer de dividir um pedaço desse pudim com o cavalheiro".

Ele também não deve ter reconhecido Deschamps.

Provavelmente, aí teria terminado toda a históriada coincidência, mas não. Alguns anos se passaram. Deschamps não viu nem pensou no pudim. Então, certo dia, ele foi convidado para jantar na casa de uma mulher que informou que um prato incomum seria servido: um verdadeiro *plum pudding* inglês.

– Espero que um tal de M. de Fortgibu esteja lá – ele brincou.

A noite do jantar chegou. Um maravilhoso pudim foi servido para os dez convidados, enquanto Deschamps contava a história da coincidência envolvendo M. de Fortgibu e o *plum pudding*. No momento exato em que Deschamps terminou de contar a história, todos ouviram a campainha tocar e M. de Fortgibu foi anunciado.

Você e eu poderíamos pensar que tudo isso foi planejado. Deschamps também. Talvez a anfitriã tivesse aproveitado a brincadeira de Deschamps para criar uma de autoria própria. Mas não! A história ficou ainda mais interessante. Naquela altura, M. de Fortgibu era um senhor de idade, que andava apoiado numa bengala. Ele caminhou lentamente ao redor da mesa, procurando por alguém em particular. Quando chegou perto, Deschamps o reconheceu. Sem dúvida, era ele.

– Fiquei arrepiado – Deschamps afirmou, contando essa história algum tempo depois. – Don Giovanni, na obra-prima de Mozart, não ficou mais assustado diante de seu convidado de pedra.

No entanto, Deschamps não era a pessoa que o recém-chegado procurava. Ao que se constatou, M. de Fortgibu (o mesmo) também foi convidado para o jantar, mas não para *aquele* jantar. Ele tinha se enganado de endereço. Foi uma coincidência tripla, que deve ser tão rara que você pensaria que as chances disso acontecer na vida de alguém devem ser inacreditavelmente perto de zero. Mas aconteceu, se podemos confiar em M. Flammarion.[8]

– Comi *plum pudding* três vezes em minha vida – Deschamps refletiu sobre sua experiência desconcertante. – Nas três vezes, vi M. de Fortgibu! Numa quarta vez, deveria me sentir capaz de qualquer coisa... ou capaz de nada!

Flammarion, o eminente astrônomo cujo nome foi dado a uma cratera lunar, a uma cratera marciana e a um asteroide em sua homenagem, era um colecionador de coincidências. Como ele era conhecido por ser um colecionador, as pessoas enviavam histórias para ele. Ele reuniu centenas. Algumas bastante espantosas! Muitas eram enviadas para ele anonimamente, de todas as partes do mundo. Assim, é muito difícil confiar na veracidade delas, ainda que ele afirme que algumas tinham diversas testemunhas, que outras tinham uma sinceridade que ele atestava, e que outras ainda tinham "todos os sinais de boa-fé".

História 8: O manuscrito levado pelo vento

Categoria: Coincidências ditadas por causas naturais.

As coincidências mais notáveis são as da experiência pessoal de Flammarion. Uma envolve uma história cativante, que sugere que há algumas forças milagrosas que cuidam de nós – sorte, talvez –, ou forças desconhecidas, que correspondem àquelas da natureza. Ele estava escrevendo seu popular tratado de 800 páginas a respeito da atmosfera, que se tornaria sua obra definitiva.[9] No final do século XIX, foi muito célebre, tanto por seu detalhamento, como pela acessibilidade. No momento exato em que ele estava ocupado, escrevendo o terceiro capítulo da quarta seção, um capítulo a respeito da força do vento, aconteceu a coisa mais extraordinária. Era um dia nublado, em pleno verão. Ele estava em seu escritório. Uma janela, voltada para o leste e com vista para alguns castanheiros e para a avenue de l'Observatoire, estava aberta. Havia outra janela voltada para o sudeste, com uma vista magnífica do Observatório de Paris, e uma terceira, voltada para o sul, para a rue Cassini. Ele tinha acabado de escrever: "Os ventos de nossos climas, que nos parecem tão caprichosos e variáveis, nos permitem perceber através deles as regras a que obedecem."[10] Uma súbita ventania de sudoeste penetrou pela janela aberta com vista para o observatório, ergueu as folhas de seu manuscrito – um capítulo completo – da escrivaninha, e as levou para fora, para a rua abaixo. Algumas caíram entre as árvores e outras se espalharam na direção do observatório. Pior ainda, um aguaceiro começou a cair em seguida. Aquela foi a primeira coincidência daquele dia.

Flammarion se deu conta que seria inútil procurar todas as páginas perdidas. Escreveu: "Para mim, descer e procurar minhas páginas parecia ser uma perda de tempo. Fiquei muito triste de perdê-las."[11] O que aconteceu a seguir foi surpreendente. Alguns dias tinham se passado, quando um portador da Librairie Hachette, editora dos livros de Flammarion, situada a cerca de um quilômetro e meio de seu apartamento, trouxe-lhe todas as folhas perdidas.

História 9: Sonhos de Abraham Lincoln

Categoria: Sonhos que se realizam.

Certa noite, no jantar, Abraham Lincoln contou seu sonho profético para sua mulher, Mary Todd, pouco antes de ser assassinado.[12]

"Há cerca de dez dias, fui dormir muito tarde. Fiquei acordado esperando por notícias importantes do *front*. Deitei na cama e não demorei a dormir, pois estava muito cansado. Logo, comecei a sonhar." Então, Lincoln prosseguiu, revelando que, em seu sonho, ele saiu da cama e se dirigiu para o andar inferior. Ele pode ter feito mesmo isso.[13] No andar inferior, supostamente na Casa Branca, ele escutou um grupo de pranteadores chorando. De recinto em recinto, ele procurou os pranteadores, e, apesar dos recintos estarem iluminados, não conseguiu ver ninguém. No entanto, os sons vinham de todas as direções, como se os pranteadores estivessem invisíveis. Embora fosse um sonho alarmante, Lincoln quis saber o significado dele. Quando ele chegou ao Salão Leste, um defunto, em trajes fúnebres, estava deitado sobre um catafalco, com diversos soldados montando guarda. Os pranteadores estavam parados ao redor, chorando. O rosto do falecido estava coberto. "Quem morreu na Casa Branca?", perguntou ele para um soldado. "O presidente", respondeu o soldado. "Ele foi assassinado!"

Então, o grupo de pessoas começou a chorar tão alto que Lincoln acordou. Ele revelou que não conseguiu mais dormir naquela noite e que vinha sendo perseguido por aquele sonho desde então.

– Isso é terrível –, afirmou Mary. – Preferia que não tivesse me contado. Fico feliz de não acreditar em sonhos. Caso contrário, sentiria medo de agora em diante.

– Bem, é só um sonho, Mary – disse Lincoln, com a voz sombria e a expressão taciturna. – Não vamos falar mais a respeito. Vamos tentar esquecer.

Lincoln teve outros sonhos premonitórios antes de quase todo evento da guerra. Eram presságios repetidos de uma vitória da União: um aconteceu na noite anterior à vitória na Batalha de Antietam, e outro algumas noites antes da Batalha de Gettysburg. Houve outros precedendo Sumter, Bull Run, Vicksburg e Wilmington. Um sonho aconteceu em 13 de abril de 1865, uma noite antes de ele levar um tiro no Teatro Ford. Foi muito realista. Durante o dia de 14 de abril, o general Grant informou ao gabinete que estava esperando a rendição do general Johnston. Então, Lincoln, com sua voz grave e confiante, disse: "Devemos tomar conhecimento muito em breve, e a notícia será importante." Quando Grant perguntou ao presidente por que ele achava isso, Lincoln respondeu: "Porque tive um sonho ontem à noite. E desde que a guerra começou, tenho tido o mesmo sonho pouco antes de cada evento de grande importância nacional. Ele pressagia algum evento importante que acontecerá logo."

Parece que todos os sonhos aos quais Lincoln se referia eram proféticos. Em 26 de abril, Johnston se rendeu ao general Sherman. A guerra finalmente terminou. E o homem que teve aqueles sonhos não estava mais vivo. Três dias após o assassinato de Lincoln, Gideon Welles, o secretário de Estado da Marinha, um homem que estava presente na última reunião de gabinete de Lincoln, escreveu essas palavras em seu diário:[14]

> De fato, grandes eventos se seguiram poucas horas depois que o bom e gentil, e também verdadeiramente grande homem, que relatou seu sonho, terminou para sempre sua carreira terrestre.

Essa última reunião foi convocada para às onze da manhã, na Sexta-Feira Santa, em 14 de abril. Frederick Seward, vice-secretário de Estado, estava na reunião. Ele escreveu a respeito no *Leslie's Weekly,* jornal ilustrado com xilogravuras e daguerreotipos:

> A conversa voltou-se para o assunto do sono. O senhor Lincoln comentou que um sonho peculiar da noite anterior era um que tinha ocorrido diversas

vezes em sua vida: uma vaga sensação de flutuação; flutuando em algum espaço vasto e indistinto, na direção de uma costa desconhecida. O sonho em si não era tão estranho como a coincidência que cada uma de suas prévias reincidências tinha sido seguida por algum evento ou desastre importante, que ele mencionou.

Os comentários habituais foram feitos por seus ouvintes. Um achou que era só uma questão de coincidências. Outro, gracejando, comentou: "De qualquer forma, não há presságio com vitória nem de derrota dessa vez, pois a guerra está no fim."

Um terceiro sugeriu: "Talvez em cada um desses períodos houvesse possibilidades de grande mudança ou desastre, e a vaga sensação de incerteza pode ter levado a visão turva no sono."

"Talvez", o senhor Lincoln afirmou, ponderadamente. "Talvez essa seja a explicação."[15]

História 10: Joan Ginther

Categoria: Boa e má sorte no jogo.

O que devemos pensar sobre a sorte de uma mulher que ganhou quatro vezes na loteria?

Em 14 de julho de 1993, Joan Ginther entra na Stop N Shop, em Bishop, no Texas, compra bilhetes de raspadinha da Lotto Texas e ganha 5,4 milhões de dólares. Vira notícia local.

Alguns anos depois, a mesma mulher entra numa loja de conveniência, compra bilhetes de raspadinha da Holiday Millionaire, e ganha 2 milhões de dólares. Vira notícia no Texas.

Dois anos se passam. Ela compra alguns bilhetes da Millions e Millions, na loja Times Market, na US Highway 77, em Bishop, e ganha de novo. Mais 3 milhões de dólares. Vira notícia no país.

Outros dois anos se passam. Ela entra na mesma loja Times Market, compra 50 dólares em bilhetes da Extreme Payout, e ganha mais 10 milhões de dólares. Dessa vez, vira notícia no mundo inteiro. "Quem é a sortuda que ganhou quatro vezes na loteria?", John Wetenhall, da ABC World News, perguntou uma semana depois.

Para uma determinada pessoa, as chances de isso acontecer são de 1 em 18 setilhões; tão improvável que acontece para essa pessoa somente 1 vez em 1 quatrilhão de anos.

Algumas pessoas acreditam que Joan Ginther, professora aposentada de matemática, com doutorado em Stanford, manipulou o sistema, trapaceou de alguma maneira, ou talvez decifrou o algoritmo da loteria que determina para onde os bilhetes de raspadinha com prêmios são enviados. Outros acharam que ela foi premiada por causa das dicas proporcionadas pela exibição de números premiados, que dão informações acerca dos bilhetes premiados. No entanto, muitas pessoas de Bishop, uma cidadezinha interiorana de 3,3 mil habitantes, acreditaram que "foi a recompensa de Deus para Joan".

Essas diversas premiações são raras, mas não surpreendentes para estatísticos que sabem que eventos raros acontecerão por acaso: ganhar quatro vezes na loteria é uma raridade quando considerado como um evento por pessoa, mas é um evento razoavelmente comum quando se leva em consideração uma população maior. De fato, as chances de que premiações como as de Ginther têm boa possibilidade de acontecer numa população de quase 320 milhões de norte-americanos são grandes. As premiações dela parecem extraordinárias só porque estamos vendo acontecer para uma pessoa específica: Joan Ginther.

Considerando que existem 26 loterias legais principais só nos Estados Unidos, com vendas de bilhetes de mais de 70 bilhões de dólares para pessoas que jogam frequentemente, quatro premiações não só devem acontecer, como também devem acontecer com bastante frequência ao longo dos anos.[16]

Capítulo 3

Coincidências significativas

Há ligações que não podem ser explicadas como simples agrupamentos inesperados do tempo e do espaço. Essas "coincidências" estão ligadas de forma tão significativa que suas probabilidades compartilham um grau muito alto de improbabilidade.

Podemos buscar uma causa e procurar um significado. Causa e significado são duas coisas distintas. A causa de um evento é a razão principal pela qual o evento acontece. Há causas que não são determináveis, causas que são profundas demais para vislumbrarmos, e causas que são muito vagas para entendermos. Uma causa pode ter inúmeras camadas de entendimento. Uma árvore cai quando um corte grande é feito na base do caule. Por um lado, o corte pode ser a causa de sua queda; por outro, a causa pode ser que o tronco da árvore esteja tão podre que ela cai independentemente do corte. Significado, porém, é diferente.

Eis uma questão a considerar: enquanto lê essa sentença, o sol está se infiltrando no recinto em que você está. Estou certo? Para alguns leitores, estou certo. É uma suposição razoável achar que algumas pessoas estão lendo este livro numa manhã ensolarada, possivelmente numa manhã de domingo. Se eu tivesse escrito: "Enquanto lê essa sentença numa manhã de domingo, deitado em seu sofá, numa sala com três janelas atrás de você, que precisam de limpeza", provavelmente teria eliminado um grande número de leitores. Aqueles que estão lendo no caminho do trabalho para casa, digamos no segundo vagão do metrô, encaminhando-se para a Flatbush Avenue, no Brooklyn, em Nova York, entendem que não estou me dirigindo a vocês – embora, coincidentemente, acabei de fazê-lo.

Se for domingo de manhã e você estiver deitado em seu sofá, numa sala com três janelas sujas, poderá achar a sentença uma coincidência estranha. Poderá até achar que é o único leitor. Mas, na realidade, só fiz algo acontecer supondo quantas pessoas estarão lendo este livro num sofá e fazendo isso num dia ensolarado.

Eu não nomeei o leitor. Podia ter escrito: "Larry Smith, enquanto você lê essa sentença, o sol está se infiltrando no recinto em que você está". As chances de que um certo Larry Smith estivesse lendo esses parágrafos num dia ensolarado são reduzidas, mas não são zero.

No entanto, isso não é o que entendemos por coincidência. Qualquer causa teria de envolver minha suposição de que existem (como só me resta esperar) um número substancial de leitores para tornar a concomitância possível. Seria uma coincidência? Não. A causa é evidente, e, além disso, o significado é marginal. Formulei a sentença para forçar a possibilidade. De maneira efetiva, fiz isso acontecer concebendo uma imagem de prováveis leitores, em seus ambientes mais prováveis. Escolhi uma grande cidade e adicionei um local de leitura comum. A causa fui eu.

Naturalmente, minha concomitância concebida possui algum significado, assim como qualquer incidente possui, mas não um significado sério, do tipo que toca a psique, altera a química do organismo e incita um estado de ânimo que contrai os músculos, agita algumas emoções sufocantes ou dilata alguns vasos sanguíneos no cérebro. Para uma coincidência ter significado importante, deve comunicar um estado emocional, talvez um que se refira a um arquétipo embalado na história da própria experiência de alguém. Nosso conhecimento e nossa experiência coletivos moldam nossas expectativas, essas antecipações que moldam nossas surpresas, a característica decisiva de qualquer coincidência. Minha concomitância – se alguma vez se tornar realidade – não impressionaria a consciência de alguém com uma ligação arquetípica enfática. É uma fabricação que se dirige a alguns leitores entrevistos numa pequena variedade de possibilidades forçadas. O significado de uma coincidência não é simplesmente a semântica do vocabulário de sua narrativa. Cada história possui significado linguístico, e algumas, mais do que outras, apresentam ideias sugestivas; no entanto, quando afirmamos que uma coincidência significa alguma coisa, esperamos que sua história mobilize referências subconscientes que evocam experiências nas profundezas da memória de alguém.

Ofereço o exemplo a seguir de uma concomitância significativa sem uma causa aparente. Bem, talvez não inteiramente sem uma causa aparente; você é o juiz. Na noite de 19 de outubro de 2006, minha sogra morreu aos 90 anos. Uma semana antes, depois de minha sogra anunciar que estava pronta para se juntar ao seu falecido marido, minha mulher afirmou: "Envie-me um sinal." Em 20 de outubro, depois de uma chuva forte, um arco-íris duplo, brilhante, bastante nítido, apareceu no céu, e, alguns momentos depois, os dois arcos-íris se juntaram e formaram um só. Foi uma coincidência? Podia não ter acontecido sem o momento particular de minha mulher olhando através da janela para notar o evento. Os arcos-íris não duram muito, e seus períodos de nitidez são muito limitados. Foi sua causa aparente? Bem, sim. Cientificamente, os arcos-íris são causados pela luz do sol difratando através de minúsculas esferas de pingos de chuva na atmosfera; no entanto, a explicação científica não é a causa de seu momento e do fato de ser percebido. Pode muito bem ter sido o sinal prometido. Contudo, o que causou a concomitância do momento e do fato de ser percebido? Qualquer que fosse o motivo, não é aparente, ao menos no sentido de como definimos *não aparente* na Introdução. É um caso de significado evidente sem uma causa aparente. Sem dúvida, nos comoveu, até mesmo nos arrepiou. Por alguns momentos, aquele arco-íris e sua ligação arquetípica deu significado a toda a concomitância.

Rememorando as dez coincidências representativas do Capítulo 2, constatamos que todas possuem significado, mas duas ou três se destacam de modo eloquente. A história 7, "*Plum pudding*", representa a categoria de histórias que realçam associações com objetos familiares. Seu significado se desdobra ao longo do tempo, enquanto uma semente perceptiva de um encontro único germina, numa maturidade de significação no subconsciente. É uma história de referência e associação, de encontro de pessoas meio esquecidas e de experiências, de memórias despertadas e conotações conscientes incitadas de incidentes referenciais. A história 9, "Sonhos de Abraham Lincoln", representa a categoria de sonhos premonitórios. O sonho de Lincoln a respeito do próprio assassinato foi um sinal de agouro subconsciente, montado a partir de advertências conscientes. Representou o prenúncio de um possível evento, a possibilidade de um comportamento insano de alguém que discordou de uma decisão do tempo de guerra. Qualquer presidente deve sentir ansiedades em relação a assassinato. Embora as ansiedades de Lincoln possam ter sido a causa de seu sonho, é a narração dele que apresenta significado, pois dá ao público uma noção coletiva de que os líderes também têm ansiedades naturais.

É possível sustentar que a história 8, "O manuscrito levado pelo vento", também tem significado importante. Considere sua causa original: a ligação entre um manuscrito a respeito da atmosfera e um vento que o leva. Sem essa causa não haveria história. Mas nosso interesse na história tem mais a ver com o achado do manuscrito do que com sua ligação com o tópico da causa do desaparecimento inicial do manuscrito.

The Case of the Midwife Toad, de Arthur Koestler, apresenta outro colecionador de coincidências, o biólogo austríaco Paul Kammerer.[1] Kammerer desenvolveu a teoria de que há leis colaterais da natureza, que agem em paralelo com e independentemente das leis conhecidas da causação física. Ele as denominou *leis da serialidade*; ou seja, forças desconhecidas que se movimentavam no tempo e no espaço como ondas, cujos picos motivavam a observação de coincidências, tanto significativas quanto sem sentido. A história de Kammerer é trágica. Pouco antes de seu suicídio em setembro de 1926, esse célebre cientista foi acusado de falsificar suas experiências. A escandalosa história é longa, com todos os indícios de que suas experiências foram sabotadas, ou, talvez, uma obstinada peça acabou mal. Há testemunhos nos dois lados das acusações. No entanto, a história para nós envolve a noção de serialidade. "A serialidade é onipresente na vida, na natureza e no cosmos", ele escreveu. "É o cordão umbilical que liga pensamento, sentimento, ciência e arte com o ventre do universo que os gerou. (...) Portanto, chegamos à imagem de um mosaico mundial ou caleidoscópio cósmico, que, apesar de constantes embaralhamentos e rearranjos, também trata de reunir semelhante com semelhante."[2]

O livro *Das Gesetz der Serie*[3] de Kammerer aborda uma noção extravagante, mas que Carl Jung, Wolfgang Pauli e Albert Einstein acharam interessante, ao menos de acordo com Koestler. É um livro esquisito, se lido do ponto de vista de um leitor do século XXI, que sabe algo a respeito de ciência. Contém exatamente cem concordâncias triviais de eventos no tempo e no espaço, apresentadas como exemplos de sua teoria de que coincidências acontecem em faixas e séries. É uma ideia estranha, mas que faz você pensar que não é tão excêntrica como parece inicialmente, e que há algum valor em pensar mais detalhadamente. Suas coincidências eram coletadas categoricamente, coincidências de coisas emergindo em sequências imediatas de eventos, aproximadamente nos mesmo tempo e lugar, números, pares de nomes e pessoas sem parentesco, encontros inesperados de conhecidos, sonhos em sequência com experiências da vida real, similaridade de palavras se materializando em conjunto. Ele tentou seguir categoricamente os mesmos eventos, ou similares, que acontecem ao mesmo tempo sem causas aparentes, de modo a desenvolver alguma teoria matemática ou científica. Ele coletou evidência empírica, numa tentativa de descobrir se leis e princípios desconhecidos podiam estar atuando nos bastidores do espaço e do tempo, capazes de explicar a serialidade – as frequências e os agrupamentos – de acontecimentos coincidentes.

Afirma-se que Kammerer sentava-se em bancos de diversos parques de Viena, anotando qualquer coisa que acontecia no local que podia ser categorizada como coincidência; por exemplo, duas pessoas carregando pastas de documentos iguais, usando chapéus iguais, ou encontros inesperados. Coisas triviais como essas. Além disso, ele anotava a quantidade de pessoas no parque em diversos horários, quantas eram mulheres, quantas estavam carregando pastas de documentos, quantas estavam carregando guarda-chuvas. Em resumo, coletando dados. Em seguida, ele trabalhava sistematicamente seus dados, elaborando um argumento quantitativo, para concluir que as coincidências estão ao redor de nós, mas que ignoramos quase todas, pois não as esperamos. Só as percebemos quando prestamos atenção. E, na maioria das vezes, prestamos atenção quando somos informados a respeito delas, ou quando significam algo para nós. Isso nos traz à lembrança a conhecida experiência do gorila invisível de Christopher Chabris e Daniel Simons, que revelou a falha em se perceber um objeto chamatível e inesperado enquanto a atenção está concentrada numa tarefa. Nessa experiência, os participantes foram convidados a observar um vídeo de um jogo de basquete com duração de um minuto. Os jogadores de um time usavam uniformes brancos, enquanto os do outro, uniformes pretos. Os participantes foram solicitados a contar em silêncio a quantidade de passes dados pelos jogadores de branco, ignorando os passes dados pelos jogadores de preto. Na metade do vídeo, uma estudante, usando uma fantasia de gorila, entrava na quadra, detinha-se na frente da câmera, batia no peito e saía. No fim do vídeo, os participantes eram solicitados a responder se tinham visto algo incomum entrar na quadra. Cerca de metade dos participantes não tinha percebido o gorila. Um gorila que caminhou até o centro da quadra. O gorila não contribuiu para a tarefa; portanto, houve uma carência de atenção, e, portanto, o gorila ficou invisível.

E isso faz parte da questão de Kammerer. Se procurarmos conscientemente coincidências, vamos encontrá-las. Não só por causa de nosso argumento de que, dado tempo suficiente para uma população massiva de eventos, as coisas mais incríveis acontecerão só por mero acaso.[4]

Gosto de uma boa história, e, assim, não desejaria quebrar o encanto de um incidente surpreendente. No entanto, também sou matemático, que, por obrigação profissional, deve dizer a verdade. Os céticos permanecerão céticos, e, assim, as histórias boas e surpreendentes continuarão a ser contadas. Há uma sobre o romance *Barbary Shore*, de Norman Mailer, uma alegoria política surreal a respeito de um grupo de seis pessoas, cada uma simbolizando uma visão política dos Estados Unidos da época, morando numa pensão no Brooklyn. O personagem principal é Michael Lovett, marxista-stalinista norte-americano. O livro foi lançado em 1951, no início do macarthismo. Um agente da CIA leu o romance e prendeu Rudolf Ivanovich Abel, espião russo, no apartamento diretamente acima do de Mailer. Mailer não tinha ideia de que estava morando debaixo de um de seus principais personagens. Esse tipo de história sempre existirá, independentemente de quão ridicularizada seja a coincidência, em parte porque possui significado – preocupações urbanas subconscientes de viver entre vizinhos desconhecidos. Tom Bissell em seu livro, *Magic Hours*, revela que *Moby Dick* foi um fracasso quando foi lançado em 1851. Seu sucesso como o grande romance norte-americano só aconteceu em 1916, quando Carl Van Doren, crítico literário persuasivo, topou acidentalmente com um exemplar gasto e empoeirado num sebo e escreveu um ensaio apaixonado, considerando *Moby Dick* "um dos maiores romances a respeito do mar de toda a literatura mundial". Uma história mais recente envolve o romance *Fieldwork*, de Mischa Berlinski. Ficou adormecido durante cinco anos até Stephen King adquiri-lo com hesitação num sebo e escrever uma resenha maravilhosa na revista *Entertainment Weekly*. Deixou para trás vendas insignificantes, passando a fazer parte da lista de best-sellers do *New York Times*. Foi um encontro inesperado de um livro numa estante de um sebo em que King entrou por acaso. Essas histórias têm significado para nós mediante o arquétipo do sucesso esperado.

Sincronicidade

No início do século XX, Carl Jung introduziu a noção de sincronicidade como modelo para a magia e a superstição que cercam a concomitância de eventos estranhos. Ele não via coincidências provocadas por acontecimentos impressivos imprevisíveis, que aparentavam estar ligados. Em vez disso, ele as via como coleções de eventos significativamente relacionados em importância, mas não causalmente ligados. Jung escreveu um livro a respeito de eventos sincrônicos, em que ele sustentou que a vida não é uma casualidade de eventos aleatórios, mas, sim, manifestações dirigidas de uma ordem inata de fenômenos psíquicos ligados ao inconsciente coletivo. Em outras palavras, a sincronicidade de Jung é a simultaneidade do tempo com o espaço e a mente, em que algo diferente de acaso está envolvido. Como exemplo, Jung afirma que uma pessoa pode reparar que o número do ingresso para o teatro é igual ao número da passagem de trem que comprou naquele mesmo dia. A questão é que a coincidência está em reparar que os dois números são iguais.

Por "acaso", em primeiro lugar, a pessoa reparou e se lembrou do número, o que já é uma coisa incomum. O que a fez reparar no número? Segundo Jung, pode ter sido algum tipo de "presciência de uma série vindoura de eventos".[5] Ele afirma que casos assim, em toda forma concebível, acontecem com frequência, mas após o primeiro espanto momentâneo, são muitas vezes esquecidos rapidamente. De acordo com Jung, há algum tipo de fenômeno arquetípico elevado acontecendo quando uma pessoa repara num evento crítico. Conexões extraordinárias ligam pessoas mais estreitamente com o universo arquetípico e, portanto, trazem mais de uma conexão participante entre o subconsciente e o consciente. Concordo com Jung na crença de que as maravilhas da coincidência estão nas ligações entre a presciência participativa e a consciência.

Há uma troca admirável de cartas entre Jung e Wolfgang Pauli (referindo a teoria de Jung a respeito da "ordem sem causa").[6]

Pauli era físico. Para os físicos, em geral, os eventos possuem causas. Digo em geral porque os físicos da teoria da relatividade e da teoria quântica apresentam associações esquisitas, que aparentam não ter causa. Isso porque as partículas atomicamente pequenas não se comportam como as maiores, governadas por leis naturais de causa e efeito. O comportamento dessas partículas muito pequenas (se podemos chamar o que elas fazem de "comportamento") é conhecido apenas por meio de verdades e previsões estatísticas, e não por meio de vínculos firmes de causa e efeito. No exemplo de Jung, de alguém que compra um ingresso para o teatro que possui o mesmo número da passagem de trem que comprou no caminho para o teatro, temos uma correspondência clara de dois eventos que provavelmente não têm um causa conhecível. De fato, nossos dias estão cheios dessas correspondências. Simplesmente, não reparamos nelas. Ocasionalmente, ficamos mais alertas para essas correspondências. Jung fornece o exemplo da correspondência da palavra e da noção de *peixe*.

> Reparei no seguinte em 1º de abril de 1949: Hoje, é sexta-feira. Há peixe para o almoço. Alguém por acaso menciona o costume do "April Fish" (dia da mentira, dia dos tolos).* Naquela mesma manhã, anotei uma inscrição que dizia: "Est homo totus medius piscis na imo." À tarde, uma ex-paciente minha, que não via há meses, mostrou-me pinturas muito impressionantes de peixes que ela tinha pintado nesse ínterim. À noite, mostraram-me uma bordado com monstros marinhos semelhantes a peixes nele. Na manhã de 2 de abril, outra paciente, que não via há anos, contou-me um sonho em que ele estava na margem de um lago e viu um grande peixe que nadou direto para ela e se lançou a seus pés. Na época, estava empenhado no estudo do símbolo peixe na história. Apenas uma das pessoas mencionadas aqui sabia disso.[7]

Jung afirmou que a sequência de eventos com peixes o impressionou bastante, principalmente porque era muito estranho que todos esses acontecimentos com peixes tenham ocorrido no mesmo dia. Era o que ele entendia por *coincidência significativa*, algo que ele parecia definir como ligação *acausal*, que é muito natural. Devemos lembrar que naquela época era bastante normal para muitas pessoas de todo o mundo, sobretudo católicos que não tinham permissão para consumir animais de sangue quente nas sextas-feiras – supostamente porque Jesus morreu numa sexta-feira

* Na Itália, França, Bélgica e regiões de língua francesa da Suíça e do Canadá, a tradição do 1º de abril é conhecida como "April Fish" (peixe de abril). Inclui a tentativa de prender um peixe de papel nas costas de uma pessoa sem ser notado. (N. T.)

–, associar as sextas-feiras com peixe. Então, há um relacionamento causal. E, em 1º de abril, numa época em que o nome do dia da mentira era April Fish, Jung teria pensado a respeito de peixe. Além disso, Jung admitiu ter trabalhado no símbolo arquetípico do peixe durante meses antes de seu evento em 1º de abril. Isso também contribuiu para a causa de ter consciência de qualquer noção de peixe sempre que a mesma surgisse. Assim, as ligações com peixe de Jung podiam ser apenas causais. Por outro lado, podiam estar relacionadas por aquilo que Jung denomina *ligações cruzadas significativas*.

Jung começou a desenvolver uma teoria da mente que corresponde a do espaço-tempo, uma teoria que não tem necessidade de ordem causal, uma teoria onde o acaso parece guiar a ligação entre dois eventos. Da mesma forma que Einstein adicionou tempo ao espaço, para produzir o conceito mais profundo de relatividade, Jung propôs completar a causalidade adicionando uma ligação não causal.[8] Certos padrões, ele sustentou, estão ligados de maneira não mecânica, para formar uma "ordem sem causa". Seus padrões são significativos e são repercutidos na mente e na matéria.[9] Para Jung, era uma energia psíquica, como se existisse algum campo de energia resultante do subconsciente coletivo de experiências significativas no interior da mente – não a energia eletroquímica neural girando ao redor da mente, mas, sim, um tipo de corrente de energia de arquétipos do inconsciente, que liga experiências significativas. Pode existir essa energia, uma energia de significado sem uma causa, uma energia de eventos psíquicos sincrônicos excitando alguma ligação arquetípica?[10]

A posição de Jung a respeito de coincidências significativas é persuasiva. Para ele, as coincidências significativas criam correntes subterrâneas poderosas na psique de uma pessoa, e que os eventos sincrônicos consequentes do ser consciente estão interligados com o subconsciente. As coincidências nos ligam às complexidades da vida, desvelam a noção de nós mesmos, e dão sentido para nossa própria existência. Uma coincidência, tal como um arco-íris duplo, que poderia ser um sinal dos mortos, dá significado para a noção de que estamos para todo o sempre unidos às pessoas de que gostamos. Sua ligação arquetípica é o próprio arco-íris, como símbolo de uma porta aberta para o céu. Vemos ligações com o universo maior quando nos deparamos com uma coincidência. Mesmo uma ligação simples faz a gente se sentir parte da galáxia, e, possivelmente, mais além. Na maioria dos dias, cuidamos de nossas vidas sem reparar nas ligações, como se não houvesse nada lá fora. Dificilmente nos damos conta que há outras ligações ali na esquina de onde estamos. Raramente percebemos as ligações sincrônicas que nos encaram e ficamos surpresos quando as vemos, e, por isto, o deleite.[11] No entanto, as reações à surpresa nas histórias reais dependem de como elas são contadas. Os detalhes específicos podem tornar a mesma coincidência mais surpreendente e mais significativa quando contada como previsora de eventos futuros, em vez de como se tivesse acabado de acontecer. Uma história pessoal pode ser mais surpreendente e mais significativa para a pessoa que conta a história do que para a pessoa que a escuta. Para mim, a história do motorista de táxi albino não me pareceu tão surpreendente e, sem dúvida, não tão significativa quanto o encontro com meu irmão após escutar sua risada familiar num café, na baía de Mirabello, em Creta. No capítulo anterior, as histórias são admiráveis, mas também inevitáveis no decorrer de uma longa vida.

Nos últimos anos, ouvi muitas histórias de coincidência, que, à primeira vista, são espantosas. Algumas envolvem identidades trocadas. Algumas consistem em estar no lugar certo, na hora certa (ou errada). Incluem, entre outras coisas, encontros inesperados e acidentes físicos. Outras envolvem ganhar (ou perder) em jogos que dependem de eventos aleatórios. E ainda outras tratam de telepatia e clarividência. A maioria pode ser explicada, mais ou menos, por simples cálculo matemático, e ter uma possibilidade maior do que a esperada por alguém. As histórias são espantosas só quando vistas por meio de concepções estatísticas errôneas ou subestimando (ou superestimando) o tamanho do mundo e sua população. Por que todos nós temos tantas histórias que podem ser consideradas parecidas com as do capítulo anterior? A resposta pode ser explicada mediante um pouco de conhecimento de probabilidade, e de como isso funciona de maneira não intuitiva.

Parte II

A matemática

Colisões

Num mundo muito grande ou pequeno
há eventos que nunca vemos
que mais cedo ou mais tarde acontecem.
Se em nenhuma de mil noites,
por certas circunstâncias estranhas,
nem duas vezes em um milhão de meses
dos minguantes da Lua,
nem dez mil anos bissextos
ou acasos surpreendentes,
então lhe asseguro que vão acontecer
após danças sensacionais
grandes números com possibilidades.
– J.M.

Nesta parte, apresentamos algumas ferramentas matemáticas para o exame de coincidências: a lei dos grandes números, a lei dos números realmente grandes, o problema do aniversário, um pouco de teoria das probabilidades e um pouco de teoria de distribuição de frequências. Essa parte abrange toda a matemática necessária, para você ser capaz de entender o argumento central do livro, que é essencialmente: se há alguma chance de que algo pode acontecer, independentemente de quão pequena, na certa vai acontecer em algum momento. Um tanto da matemática será usado para analisar as histórias apresentadas na parte I e reapresentadas na parte III.

Capítulo 4

Quais são as chances?

O que encontrei foram "coincidências", ligadas de modo tão significativo que sua concomitância "casual" representaria um grau de improbabilidade que teria de ser expresso por um número astronômico.

– Carl Gustav Jung[1]

Invariavelmente, as histórias mais surpreendentes de coincidência são concluídas com a seguinte pergunta: "Quais são as chances disso acontecer?" Em geral, a pergunta é retórica, pois nunca é fácil respondê-la literalmente. Embora existam técnicas estatísticas básicas e modelos experimentais de boa prática para o estudo da raridade das coincidências, os matemáticos, até hoje, não possuem uma teoria ampla e adequada a respeito do assunto. O problema reside na definição da palavra em si. Afinal, *coincidência* implica um acidente sem causa aparente, que inclui acasos e milagres. E o que faríamos sem a esperança e a glória dos milagres? Talvez a medição das chances de coincidência sejam um paradoxismo. Como podemos saber as chances de um acontecimento que não tem causa aparente? Alguém pode dizer que o ato de jogar um par de dados, que resulta num duplo seis, não possui causa aparente, a não ser uma centena de variáveis inestimáveis, que determinam o movimento deles, e, no entanto, somos capazes de dar a chance de obter este resultado: 1 em 35. Temos um controle atuarial a respeito da probabilidade de uma pessoa viver além de x anos. Então, o que está nos impedindo de calcular a chance de um milagre ou de que o sonho de encontrar um estranho moreno e de estatura elevada num recinto abarrotado se materialize? Nem sempre precisamos saber a causa de um evento para compreender a medição de sua chance. Não sabíamos que o tabagismo era causa do câncer até descobrirmos, por meio do processamento das probabilidades estatísticas, que isso acontecia. Isso veio à luz após a Segunda Guerra Mundial, quando as mulheres, que não eram fumantes antes do conflito, incorporaram-se à força de trabalho e começaram a fumar. Os índices de incidência de câncer subiram entre elas, e bingo: suspeitou-se da correlação e os pontos foram ligados. O problema em relação a muitas coincidências reside na quantidade enorme de variáveis que não podem ser conhecidas ou deduzidas de amostras estatísticas. As coincidências não são facilmente explicadas pela análise quantitativa; no entanto, há motivos qualitativos para sugerir que elas acontecem com mais frequência do que supomos. Mesmo a psicologia evita previsões quantitativas, em detrimento das qualitativas.

Quando pensamos em coincidências, pensamos em chances. Conte uma história de coincidência e alguém, inevitavelmente, pergunta: "Quais são as chances disso acontecer?" A resposta quase sempre emprega palavras que significam "muito reduzidas". É trabalho das pessoas da teoria das probabilidades revelar o significado de *muito reduzidas*, ou, ao menos, pensar no que significa. A medida da possibilidade de um evento é um número que os matemáticos denominam *probabilidade*. É sempre um número entre 0 e 1, onde o 0 indica impossibilidade e 1 indica certeza absoluta. Há diversas maneiras de se obter essa medição. Uma delas é considerar as frequências relativas de uma amostra grande. Em princípio, a probabilidade de um evento é a razão de dois números, cada um dos quais pode ser determinado por meio da observação da proporção de repetições que o evento ocorre. À medida que a quantidade de tentativas cresce, a frequência relativa de um evento se aproxima da probabilidade do evento. Uma segunda maneira de medir a probabilidade é contar as possibilidades lógicas: um dado honesto arremessado pode cair somente em um dos seis lados. Não precisamos jogar o dado para saber que a probabilidade de dar um número par é de 1/2, ou seja, uma chance de 50%.

Se dois eventos estão ligados de uma maneira que não podem acontecer juntos por causa de alguma constrição lógica – como tirar uma dama de naipe vermelho e uma dama de espadas numa jogada única com um baralho padrão de 52 cartas –, então a probabilidade de uma ou outra acontecer é a soma das probabilidades de cada evento; em outras palavras, a probabilidade de tirar uma dama de naipe vermelho ou uma dama de espadas é de 1/26 + 1/52 = 3/52.

A ideia geral funciona assim: suponha que *X* representa o resultado de um evento, e *P(X)*, a probabilidade de que o evento realmente aconteça. Então, a probabilidade de que o evento não aconteça é de 1 – *P(X)*. Por exemplo, se você estiver tirando cara ou coroa, *P(cara)* equivalerá a 1/2, assim como *P(coroa)*. Ou, se você estiver jogando um par de dados, *P*(4) = 1/12 e *P*(não 4) = 11/12. Se *X* e *Y* são resultados possíveis, que são independentes um do outro (isto é, um não tem efeito sobre as chances do outro), a probabilidade de *X e Y* acontecer é o produto de *P(X)P(Y)*, e a probabilidade de *X ou Y* acontecer é a soma de *P(X)* + *P(Y)*.

Para um exemplo de uma coincidência humana, considere um evento de se deparar acidentalmente com seu melhor amigo em Bora Bora, na próxima terça-feira de manhã, e outro de se deparar acidentalmente com um primo em Reykjavik na mesma terça-feira de tarde. O primeiro evento tem um efeito sobre o segundo. A menos que você tenha acesso a um F-15, você não consegue se deparar com seu melhor amigo em Bora Bora de manhã, *e* se deparar com um primo em Reykjavik na tarde do mesmo dia. Naturalmente, permitir duas possibilidades concede uma chance maior. No caso das cartas – uma dama de naipe vermelho pode ser tirada, *ou* uma dama de espadas (naipe preto) pode ser tirada. Se, por outro lado, temos uma situação onde um evento é completamente independente do outro, então a probabilidade de que ambos ocorram é o produto das probabilidades de cada evento. A probabilidade de tirar uma dama de naipe vermelho uma vez e, depois, uma dama de espadas, após a recolocação da dama de naipe vermelho, seria de 1/26 x 1/52 = 1/1452.

De fato, a demanda de que dois eventos prescritos devam acontecer tem uma chance menor. Por outro lado, a probabilidade de tirar as duas cartas de um baralho sem recolocar a primeira carta tirada torna as coisas um pouco mais complicadas. Estaríamos procurando a probabilidade de um evento acontecer depois de outro já acontecido: uma *probabilidade condicional*. O caso de tirar duas cartas de um único baralho é instrutivo. Se supusermos que a carta tirada não é recolocada, então a probabilidade de tirar uma dama de naipe vermelho e, depois, a dama de espadas será de 1/26 x 1/51 = 1/1326. No momento de tirar a segunda carta, o baralho não contém uma dama de naipe vermelho e, portanto, tem uma carta a menos. Assim, a probabilidade de tirar uma dama de espadas na segunda tirada será a probabilidade de tirá-la de um baralho com 51 cartas. Ao não recolocar a dama de naipe vermelho, a chance de tirar uma dama de paus é maior. Nesse caso, o importante é que estamos lidando com o produto de dois números menores do que 1, o que significa que a probabilidade resultante será menor que a probabilidade de um ou outro evento. Para complicar as coisas um pouco mais, note que estipulamos que a dama de espadas era tirada após a dama de naipe vermelho. Se buscarmos a probabilidade pela qual uma ou outra seja tirada – dama de espadas em primeiro ou segundo lugar –, a probabilidade deverá ser maior. Então, consideraríamos duas probabilidades: a probabilidade de tirar a dama de espadas seguida por uma dama de naipe vermelho e a probabilidade de tirar a dama de naipe vermelho seguida pela dama de espadas.

A diferença entre chance e probabilidade

Fazemos distinção entre os termos *chance* e *probabilidade*. Ao afirmarmos que as chances são de m em n, queremos dizer que esperamos que o evento não ocorra m vezes para cada n vezes que ocorre. A notação padrão é $m{:}n$, que em palavras se converte em *m em n*. Se as chances são de *m em n*, a probabilidade é a razão $n/m+n$; assim, chances de 4 em 1 convertida em probabilidade é de 1/5. Para calcular as chances de um evento que apresenta uma probabilidade de sucesso p, calcule a razão $(1 - p)/p$, e reduza isso a m/n. Então, as chances contra o evento acontecer é de *m em n*. No caso de $p = 1/5$, a razão se torna $(1 - (1/5))/(1/5) = 4/1$; e, assim, as chances são de 4 em 1.

A ideia de chances vem dos jogos de azar. É mais fácil calcular o prêmio; uma aposta premiada de um dólar pagando m em 1 receberia m dólares; uma quantia que já inclui a aposta original. Chances iguais significam que as chances são de 1 em 1. Neste livro, tentaremos reduzir as chances ao caso onde $m = 1$. Conceber a possibilidade ou a não possibilidade é mais fácil quando sabemos que existem m fracassos para cada 1 sucesso. Na ocasião, utilizaremos a expressão "a possibilidade é de 1 em m" para querer dizer que há um modo de ter sucesso em m tentativas. Assim, por exemplo, "a possibilidade de tirar um ás de espadas num baralho de 52 cartas é de 1 em 52" se converte em "a chance de tirar um ás de espadas num baralho de 52 cartas é de 51 em 1".

Uma experiência mental de probabilidade

Escolha dois eventos que tenham chance reduzida de acontecer. O primeiro pode envolver um gato preto que atravessará seu caminho na próxima quarta-feira. Para o segundo, suponha que, em algum dia de sua vida, você receberá uma carta registrada de um escritório de advocacia, dizendo que um tio-avô que você nunca ouviu falar morreu e lhe deixou 1 milhão de dólares. Suponha que o primeiro evento tenha uma probabilidade de 0,000001, dada a população de gatos pretos vagando pelas ruas de seu bairro. Suponha que o segundo tenha a probabilidade de 0,000001, dado que você não tem muitos tios que não são conhecidos por você. (Estou inventando esses números em benefício da argumentação.) A probabilidade de que ambos ocorram é muito pequena, apenas 0,00000000001. É uma probabilidade menor do que aquela de um ou outro evento acontecer sozinho, e uma probabilidade maior do que aquelas dos dois acontecerem ao mesmo tempo. Naturalmente, a probabilidade de que um ou o outro ocorra é maior.

Agora, considere dez eventos raros distintos:

a. Um gato preto atravessa seu caminho na quarta-feira.

b. Um tio-avô que você nunca ouviu falar morre e lhe deixa 1 milhão de dólares.

c. Um anel que você perdeu há vinte anos aparece numa liquidação do tipo "família vende tudo" em sua rua.

d. O sonho de encontrar um estranho moreno e de estatura elevada num recinto abarrotado se materializa.

e. Você joga na loteria e ganha duas vezes.

f. Você encontra seu irmão em Bora Bora por coincidência.

g. Numa livraria do exterior você acha um exemplar de *The Mysterious Stranger*, de Mark Twain, com seu nome escrito na página de rosto.

h. Você renova seu passaporte e o número do novo passaporte é igual ao seu número da previdência social.

i. No banco de um parque você acha um exemplar de *The Mysterious Stranger*, de Mark Twain, que lhe pertenceu quando você era adolescente (sim, um evento muito semelhante ao *g*).

j. Em Chicago, você pega um táxi e se dá conta de que o motorista é o mesmo que dirigia um táxi que você pegou em Nova York há um ano.

Escolhi esses eventos arbitrariamente. Alguns são coincidência, e outros são eventos singulares. Podem ser eventos completamente independentes, se não fosse aquela borboleta proverbial, antiga e intrometida sobre o Pacífico – aquela que parece ter sempre um efeito sobre tudo, desde o clima em Paris até os resultados do Kentucky Derby –, que parece sempre causar algum problema inesperado. Por que o gato preto apareceu naquele momento específico? O estranho moreno e de estatura elevada pode ser o rapaz que acha seu anel desaparecido, trazido a ele pelo gato preto.

As probabilidades em relação a alguns desses eventos e outros de seu tipo são muito difíceis de ser conhecidas, mesmo aproximadamente. Em consideração à simplicidade, suponha que cada um desses eventos tenha uma probabilidade de 0,000001; um número menor que a probabilidade de conseguir um *royal flush* numa jogada de pôquer. Não há uma razão especial para escolher esse número, exceto o fato de ele revelar que o evento não é impossível e não é provável. Pode dar a impressão de que a probabilidade de um dos dois eventos da lista acontecer seja de 2 x 0,000001 = 0,000002, pois as probabilidades são adicionadas ao se calcular a probabilidade de que um dos dois eventos vai acontecer. Sugere ingenuamente que as chances dobram ao se considerar dois possíveis eventos. No entanto, devemos ser cautelosos. O cálculo ignora a possibilidade de que os dois eventos (tais como o *g* e o *i* na lista) possam depender um do outro. Assim, devemos subtrair a probabilidade de que os dois vão ocorrer: 0,000001 x 0,000001 = 0,00000000001; um número relativamente pequeno. Então, a probabilidade real seria de 0,00000199999; um pouco menos do que o dobro. Isso leva a uma questão curiosa. A resposta pode nos fazer ver o mundo da coincidência de uma maneira diferente do que antes. No mundo de todos os possíveis acontecimentos fantasticamente surpreendentes, devem haver milhares – talvez milhões ou bilhões – que podem acontecer para você ao longo de um ano. Assumamos a probabilidade de que cada 1 de 1 milhão desses acontecimentos seja de, por exemplo, 0,000001. Agora, a pergunta é essa: o que acontece se agruparmos todos esses acontecimentos e buscarmos a probabilidade de que pelo menos um irá acontecer dentro de um ano? Não há modo prático de determinar a independência de 1 milhão de acontecimentos. Não podemos assumir que dois acontecimentos não tenham conexão direta. Não podemos descontar a possibilidade de que um evento possa causar ou influenciar outro, ou que um evento singular possa ser dependente de outro. Por exemplo, se você ganhar na loteria uma vez, isso poderá influenciá-lo a gastar parte do prêmio numa nova tentativa; assim, ganhar uma segunda vez depende de seu primeiro prêmio. Portanto, não podemos simplesmente adicionar as probabilidades para obter a probabilidade de que 1 de 1 milhão de acontecimentos vai acontecer. Isso levaria ao cálculo absurdo de que a probabilidade de um acontecimento é de 1.000.000 x 0,000001 – 1, ou uma certeza! (Estaríamos adicionando 0,000001 a si mesmo 1 milhão de vezes.) Para que os cálculos funcionem, os eventos devem ser desunidos, não tendo nada em comum. Caso contrário, qualquer medição séria de probabilidades fica bastante complicada, ou impossível. Por exemplo, temos de eliminar a possibilidade de que o gato preto, que pode atravessar seu caminho na próxima quarta-feira, encontre seu anel desaparecido num cano de esgoto e o traga para um estranho moreno e de estatura elevada, que o venderá numa liquidação do tipo "família vende tudo". Contudo, mesmo então, mesmo quando todos esses requisitos são atendidos, ainda temos de considerar uma enorme quantidade de possibilidades de interseção, que encolheriam as chances. Por outro lado, se esses 1 milhão de acontecimentos fossem independentes, a matemática diria que poderíamos ter certeza que um deles aconteceria. É claro! Uma pessoa ativa encontraria 1 de 1 milhão de coisas que poderia acontecer. Simplesmente ao sair de casa, a pessoa encontra uma enorme quantidade de possibilidades.

Em nossa lista, o evento *e* é o único que possui uma probabilidade razoavelmente precisa, ainda que o evento dependa da personalidade do ganhador. Para ganhar duas vezes, você primeiro tem de ganhar uma vez. Isso significa escolher os seis números certos. A probabilidade disso acontecer uma vez é de cerca de 0,000000038; realmente, um número muito pequeno.[2] Outra maneira de dizer isso é que sua chance de não ganhar seria de 25.827.164 em 1.

Como isso é calculado? Existem 54 possibilidades para a escolha de um número. Assim que o primeiro número é escolhido, ele não é recolocado; assim, existem 53 possibilidades para a escolha do segundo número. Da mesma forma, há 52 possibilidades para a escolha do terceiro; 51, para o quarto; 50, para o quinto; e 49, para o sexto. Assim, existem 54 x 53 x 52 x 51 x 50 x 49 = 18.595.558.800 de maneiras distintas para a escolha de seis números, cada um de 1 a 54. Existem 1 x 2 x 3 x 4 x 5 x 6 = 720 ordens distintas em relação aos seis números. Como a ordem pela qual os seis números são escolhidos não tem importância, dividimos por 720 para obter 25.827.165; o número de possíveis escolhas distintas, das quais apenas uma é correta.

A probabilidade de ganhar a segunda vez continua a mesma; os números da loteria não têm memória, assim como a probabilidade. Essa probabilidade, porém, depende de como pensamos a respeito. Se você esquecer o fato de que ganhou a primeira vez, então a probabilidade não mudará. Suas chances ainda são de 25.827.164 em 1, com uma probabilidade de 0,000000038. A probabilidade de ganhar duas vezes é de 0,000000038 x 0,000000038 = 0,000000000000001444, indicando que ganhar duas vezes é muitíssimo improvável. Sabemos que o número premiado da loteria não tem história. No entanto, de uma maneira estranha, o prêmio em si tem uma história baseada na personalidade do ganhador. Como os criminosos que voltam à cena de seus crimes, os ganhadores voltam a jogar na loteria. Continuam a jogar com o bolso cheio, comprando ainda mais bilhetes de loteria do que já compraram antes. Assim, nosso cálculo ignora todas as outras tentativas de jogar na loteria. Uma pessoa pode jogar cem vezes antes de ganhar pela segunda vez. No Capítulo 7 (especificamente, na página 85), encontraremos as chances de ganhar quatro vezes na loteria em exatamente quatro tentativas; algo muitíssimo difícil de acontecer.

Capítulo 5

O presente de Bernoulli

Como é possível ter uma lei matemática que fale algo acerca do futuro? Depois que um par de dados é jogado uma vez e pego, "esquece" onde caiu antes. Se os dados são honestos e são arremessados sem fraude, não podemos dizer antecipadamente o resultado, e, no entanto, podemos ter bastante certeza que, depois de muitas jogadas, 7 aparecerá com mais frequência do que qualquer outro número. É uma questão de geometria do dado e uma simples garantia da aritmética: mais pares de números de 1 até 6 somam 7 do que qualquer outro número em que o par de dados pode possivelmente cair.

A matemática da probabilidade é relativamente nova. Remonta ao século XVI ou um pouco antes. Antes do início do século XVI, a matemática não lidava com a incerteza. Os filósofos naturais e os matemáticos estavam mais interessados em compreender as coisas sérias da vida, que para alguns eram as noções abstratas da teoria dos números e da geometria, e para outros, eram as coisas mais práticas e funcionais da vida, como topografia e outras atividades da construção civil (sobretudo para catedrais). Toda a ideia matemática a respeito de possibilidades emergiu em *Liber de Ludo Aleae* [Livro de jogos de azar], de Girolamo Cardano, fólio escrito em aproximadamente 1563, e que contém os elementos essenciais para o entendimento da natureza da possibilidade e da probabilidade moderna.[1] No entanto, *Liber de Ludo Aleae* permaneceu inédito durante os cem anos seguintes.

Girolamo Cardano era físico, matemático e jogador milanês. Nós o conhecemos principalmente por causa de seu livro *Ars Magna* [A grande arte], publicado em 1545. Trata-se de um relato de todo o conhecimento a respeito da teoria das equações algébricas até aquele momento. *Liber de Ludo Aleae* tinha quinze páginas de anotações matemáticas e filosóficas divagantes. Cardano não tinha a intenção de publicá-lo. No entanto, em *Ludo Aleae,* encontramos algumas ferramentas úteis para o estudo da frequência das coincidências. Atualmente, consideramos essa obra um marco na teoria das probabilidades, do valor esperado, médias aritméticas, tabelas de frequências, propriedades aditivas das probabilidades e cálculos das combinações do modo de ter k sucessos em N tentativas. Até continha uma dica sugerindo uma lei matemática que, posteriormente, tornou-se conhecida como *a lei fraca dos grandes números.* Em linhas gerais, a lei afirma que a diferença entre a probabilidade observada real (que é inteiramente desconhecida antes dos eventos acontecerem) e a média p matematicamente calculada tende a ser tão pequena quanto alguém desejar, desde que a quantidade de tentativas N seja bastante grande.

Quando expressa em sua forma precisa, é um tanto enigmática: a probabilidade P de que a taxa média de sucesso difira de p é tão próxima de zero quanto alguém desejar, desde que N possa ser escolhido tão grande quanto necessário para forçar essa condição. Na notação moderna, onde ε representa qualquer número pequeno escolhido, $P\ [(k/N - \rho) < \varepsilon]$ converge para 1, à medida que N fica maior.[2] Para os leitores que podem ter se sobressaltado ao verem esse último coquetel de símbolos, deixe-me explicar. Estamos usando a notação criada para falar sobre a probabilidade de um evento descrito dentro de colchetes. Por exemplo, *P* [*um furacão atinge o Central Park no próximo dia 4 de julho*] denota a probabilidade que um furacão atinja o Central Park no próximo dia 4 de julho. Assim, $P\ [(k/N - \rho) < \varepsilon]$ denota a probabilidade de que o valor absoluto da diferença entre a razão k/N e p seja menor que qualquer número pequeno ε escolhido.

É um princípio que sugere como as médias tendem a se comportar num período longo. Alguém pode querer saber como é possível que eventos aleatórios (sem absolutamente nenhum histórico de cada resultado) tenham uma média perto de um número matematicamente calculado. Infelizmente, essa lei excelente e verdadeira – ainda hoje – é muitas vezes confundida com o que as pessoas denominam *lei das médias,* que não é uma lei, mas sim uma fantasia absurda, que afirma que, se você tirar cara ou coroa vezes o suficiente, metade das vezes dará cara e metade das vezes dará coroa. A menos que consideremos "vezes o suficiente" tendo o significado de infinitas vezes, essa "lei" não é verdadeira.

Sim, a lei fraca dos grandes números envolve um resultado verdadeiramente espantoso. Mas ainda mais espantoso é que pode ser provada matematicamente! Ela demonstra que é possível para eventos aleatórios – eventos com uma variação possivelmente grande de resultados possíveis e sem histórico de cada resultado – ter uma média observada perto de um número matematicamente calculado. A matemática pode revelar fenômenos determinantes do mundo real: as estruturas de pontes e barragens que obedecem a cálculos matemáticos. Os aviões voam e as janelas quebram de acordo com a matemática. O vidro quebra em certas frequências ressonantes; a superfície de sustentação de um avião ascende quando a pressão acima é menor do que a pressão abaixo. No entanto, quando se trata de possibilidades, as ligações parecem muito mais misteriosas. Dados? Como podemos saber de que modo eles cairão depois de uma determinada jogada?

Postumamente, Cardano apresentou um caminho. Antes de sua obra *Liber de Ludo Aleae*, a sorte – boa ou má – estava nas mãos de Tique, Fortuna ou alguma outra divindade que induzia a possibilidade a favorecer um resultado em vez de outro. Mesmo os gregos, que se destacavam em tantas áreas da matemática, não tinham uma teoria matemática a respeito das chances em jogos de azar. Eles só jogavam os dados, acreditando que a sorte, a fortuna ou algum deus determinava seus destinos. Ah, sim, os gregos sabiam que certos números tinham mais probabilidade de sair do que outros. Com certeza, sabiam que o 7 surgiria com mais frequência do que qualquer outro número. Tudo o que precisavam fazer era contar a quantidade de maneiras que um 7 poderia surgir em relação a quaisquer das maneiras que os outros números poderiam. No entanto, até onde sabemos, os gregos não tinham noção de chances preditivas.

O opúsculo de Cardano continha as sementes e os segredos da ciência da possibilidade. Aprendemos que os fatos observáveis podem quantificar o que tende a acontecer. De acordo com Henri Poincaré, o mundo então aprendeu que uma pessoa tem a mesma possibilidade que qualquer outra pessoa e até a mesma possibilidade que os deuses.

Devemos lembrar que na época de Cardano, não havia noção bem estudada de explicações simples a respeito da possibilidade. Por exemplo, os matemáticos não pensavam nos motivos de por que alguns números apareciam com mais frequência que os outros. Galileu solucionou esse mistério meio século depois da morte de Cardano, quando escreveu um pequeno tratado a respeito das chances de jogar três dados, embora não seja provável que Galileu conhecesse *Liber de Ludo Aleae*, de Cardano. Galileu registrou todas as combinações e descobriu que existiam 27 modos distintos para três dados somarem 10, e também para somarem 11, mas 25 modos para três dados somarem 9 ou 12.[3]

Sem dúvida, jogadores experientes já sabiam disso. Eles tinham um entendimento básico a respeito dos resultados associados as dados a partir de um conhecimento popular resultante de séculos de prática e observação. Possuíam um conhecimento instintivo das chances, e sabiam que, para três dados, 10 e 11 surgem com mais frequência do que qualquer outro número. Contudo, há uma diferença entre ter essa intuição e ter explicações matemáticas. Com a segurança da matemática, você pode quase confiar em sua sorte. Para aqueles que sabiam como calcular chances matemáticas, as decisões não eram mais um risco. Num período longo, eram *quase* uma certeza, não obstante as pitadas aleatórias de incerteza produzidas por acasos e coincidências.

Duplos seis e o nascimento da probabilidade

As ideias básicas das probabilidades matemáticas remontam ao inverno de 1654. Em Paris, fazia um inverno excepcionalmente frio. Até o Sena congelou. Segundo relatos, os parisienses patinavam sobre o rio, enquanto fogueiras eram acesas nas esquinas onde os padres das paróquias distribuíam pão para os pobres. A economia estava em ruínas depois de trinta anos de guerras religiosas europeias, que exauriram o tesouro público francês. O governo foi forçado a aumentar os impostos da classe trabalhadora, mas coletores de impostos desonestos trouxeram pouca receita para o tesouro. Luís XIV era o rei, e a nobreza, isenta de tributação, acumulava excessos de riqueza escandalosos. Não foi mera coincidência o fato de que os milionários apostassem abertamente em salões de jogo em toda Paris.[4] E também não foi mera coincidência o fato de que a teoria matemática das probabilidades surgisse nessa época; de fato, no inverno de 1654.

Embora jogos de azar remontassem ao princípio dos tempos, ou ao menos já quando os homens das cavernas jogavam ossos, tornaram-se o destaque entre os passatempos na França em meados do século XVII.

Ainda não havia matemática das possibilidades séria, exceto algumas tentativas incipientes encontradas em alguns textos de aritmética incorretos e na obra *Summa*, do monge franciscano Luca Pacioli, publicada em 1494, compêndio sobre álgebra, principalmente. No entanto, em 1654, o opúsculo *Liber de Ludo Aleae*, de Cardano, trouxe à tona alguns indícios a respeito do menor número de vezes que uma pessoa deve jogar um par de dados para ter uma chance de mais de 50% de conseguir um duplo 6.[5]

Blaise Pascal, matemático e filósofo, leu um exemplar de *Liber de Ludo Aleae* em busca daquele número, mas não acreditou na solução. Ele adoeceu, e preso à cama durante a primavera e o verão, correspondeu-se com seu amigo, Pierre Fermat, advogado e matemático.[6] Juntos, concluíram que as chances são um pouco menores do que 50% de se obter um duplo 6 em 24 arremessos e um pouco maiores do que 50% em 25 arremessos.[7]

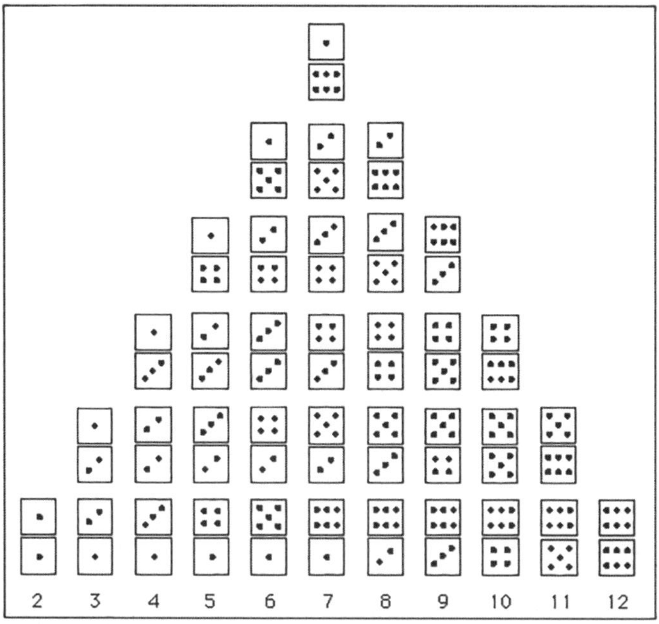

Figura 5.1 – O número dos pares em cada coluna representa a quantidade de maneiras que cada número pode aparecer.

Pascal sabia que o duplo 1 e o duplo 6 surgiam muito raramente, pois tinham uma chance de 1 em 36 de acontecer, enquanto 7 tinha uma chance de 1 em 6 (veja a Figura 5.1). Ele entendeu que seria mais fácil calcular a chance de não tirar um duplo 6, que acaba se revelando de 1 – 1/36, ou 35/36. Ele também entendeu que cada jogada é independente da jogada anterior, e que a probabilidade de dois eventos independentes é o produto das probabilidades de cada evento, e, então, a probabilidade de *não* tirar um duplo 6 em *n* jogadas é de $(35/36)^n$. Pascal calculou que $(35/36)^{24}$ resulta em 0,509, e que $(35/36)^{25}$ resulta em 0,494, concluindo que há uma chance um pouco menor do que 50% de tirar duplo 6 em 24 arremessos do dado, e um pouco maior do que 50% em 25 arremessos.[8]

Os fundamentos das probabilidades vêm desse problema dos dados e de outros problemas similares. A camada externa de muito do mundo estocástico pode ser resumida em uma ilustração. Pense no mundo dessa maneira: se um evento é influenciado por alguma causa, há uma chance maior do que 50% de que a causa favorecerá a direção do futuro do evento. Se o evento não é influenciado por nenhuma causa, a direção do futuro do evento pode seguir de um jeito ou de outro, sem tendenciosidade. Com causa ou não, uma chance maior do que 50% deixa uma porta aberta para os ventos imprevisíveis do acaso ou da coincidência. Na Figura 5.2, ilustramos isso usando a assim chamada tábua de Galton como modelo.

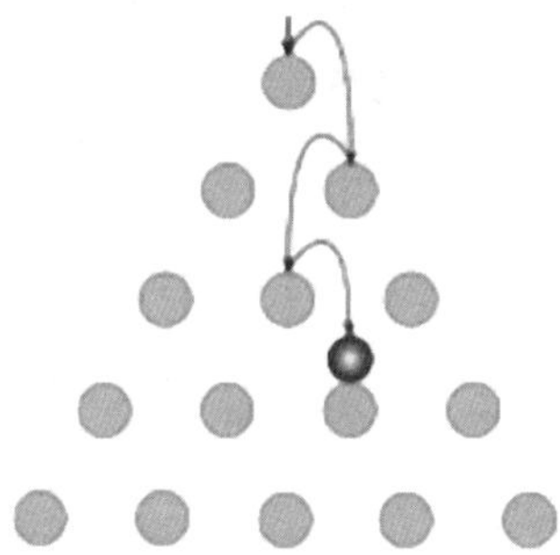

Figura 5.2 – Tábua de Galton: observando quinze hastes perpendiculares à página.

A tábua de Galton exemplifica o comportamento, que é decidido pela chance imparcial. Uma bola é jogada sobre um conjunto de hastes, de maneira tal que atinge a primeira haste tão precisamente no topo dela que possui uma chance exatamente igual de quicar para a esquerda ou para a direita. Se preferir o lado direito, então descerá para a próxima haste inferior e, de novo, atingirá o topo da haste e preferirá um lado ou o outro. Na teoria, essa bola é capaz de atingir o topo preciso de uma haste. Na prática, porém, isso nunca acontece. Por quê? Primeiro, devemos considerar o que o topo da haste significa de verdade. Significa a molécula superior do aço (assumindo que a haste seja feita de aço)? Não existe isso. Assim, na prática, há causas para a bola preferir um lado ou o outro. Talvez essas causas incluam a minúscula corrente de ar que a bola deve atravessar, ou as minúsculas vibrações que ocorrem nas bases das hastes, ou uma partícula de poeira que é atingida no impacto. Na prática, há centenas de variáveis que determinam de que maneira a bola quicará após seu impacto contra a haste. Além disso, o amassado molecular causado pela batida e a elasticidade da colisão devem ser levados em consideração.

Sir Francis Galton, geneticista inglês do século XIX, construiu essa tábua de pinos arranjados de modo quincôncio, como os pontos sobre uma face 5 de um dado. O objetivo de Galton era demonstrar que os eventos físicos se deslocam impelidos pelo vento do acaso. Na tábua de Galton absolutamente perfeita, tal como uma em que as bolas sempre caem precisamente sobre os topos absolutos dos pinos, elas caem para a direita ou esquerda como se tirassem cara ou coroa para decidir. Na vida real, uma borboleta batendo as asas sobre o Pacífico ou uma vaca soltando gases num campo de milho de Idaho pode determinar essa decisão. Antes de cada quique, o resulta do quique anterior é história esquecida; a bola não lembra mais do resultado e, portanto, comporta-se como se tivesse acabado de atingir o primeiro pino. Ainda assim, o resultado acumulado parece levar em conta a história de todos os resultados anteriores.

Consideremos isso de maneira matemática. Suponhamos que a bola atinja quatro níveis de pinos em sua descida. A chance igual de ir para a esquerda ou direita provoca o acúmulo de bolas abaixo das hastes, na forma de uma curva em forma de sino. A contagem da quantidade de maneiras que as bolas podem cair demonstra isso. Suponhamos que uma bola seja posta para cair, e marcamos sua descida com as letras E e D para indicar o quicar para a esquerda (E) ou para a direita (D). Então, termos os possíveis resultados a seguir:

EEEE
EEED, EEDE, EDEE, DEEE
EEDD, EDED, EDDE, DEED, EDED, DDEE
EDDD, DEDD, DDED, DDDE
DDDD

Há mais combinações de letras misturadas do que de não misturadas, e, portanto, há uma chance igual de a bola ir para a esquerda ou direita; há uma tendência disso favorecer a região central, sob a haste superior. O motivo disso é que, numa série de, digamos, 12 alternativas de E e D (como na Figura 5.3), há mais séries com 6 Es e 6 Ds do que qualquer outro número de Es e Ds.

Em cada impacto com uma haste, contemos a queda da bola para a esquerda como – 1 e sua queda para a direita como + 1. Após quicar para baixo 12 filas de pinos, a bola acabará em um dos 12 grupos na extremidade inferior da tábua.

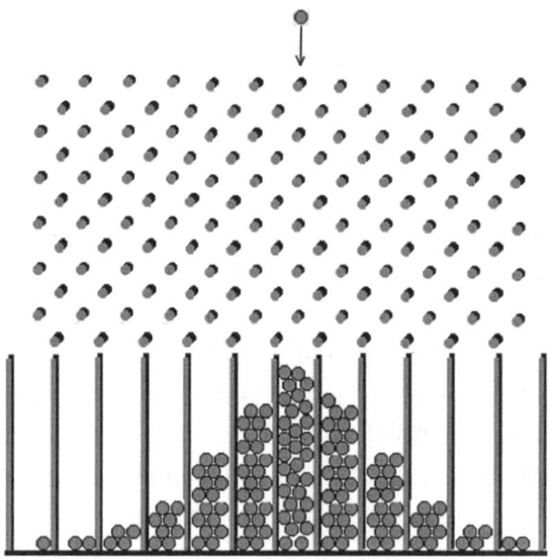

Figura 5.3 – Cento e quarenta bolas caindo através de uma tábua de Galton.

Assim, por exemplo, na Figura 5.3, a bola na extrema esquerda acabará com um valor acumulado de – 12. A posição final de cada bola representa um resultado acumulado distinto. As bolas tendem a se acumular no centro. No entanto, embora um bom número de bolas caia nas duas fendas centrais, mais bolas caem nas dez fendas restantes.

Na Figura 5.3, a coleção de bolas representa os valores acumulados finais de 140 experimentos: 31 bolas caem nas cinco fendas à esquerda; 55, nas cinco fendas à direita; e 54, nas duas fendas do meio. É verdade que a posição final de qualquer bola não indica a história de sua jornada. No entanto, perceba duas coisas decisivas: (1) as duas primeiras filas de pinos limitam o resultado; e (2) caras em primeiro e coroas em segundo (ou vice-versa) forçam o valor acumulado final ser menor do que 12 e maior que – 12. Quase 60% das bolas caíram fora das duas fendas centrais. Porém, é possível que uma bola à esquerda, que caiu alguns níveis, acabe à direita, mas também é verdade que qualquer bola que quique muito à esquerda terá uma possibilidade menor de retornar para a direita.

Atualmente, a teoria das probabilidades desenvolve-se em direções empíricas e abstratas. Por exemplo, a abordagem empírica seria para usar grandes amostras para estimar uma probabilidade, enquanto a abordagem abstrata seria para usar um princípio científico para travar uma probabilidade por meio de fatos conhecidos, tais como um argumento da simetria ou uma teoria física. Sabemos a probabilidade de um dado perfeito cair em 1 pela simetria cúbica do próprio dado. No entanto, a probabilidade de um dado comum cair em 1 pode ser encontrada jogando-o diversas vezes e marcando a quantidade de vezes que caiu em 1; sua probabilidade pode acabar se revelando mais ou menos do que 1/6 – afinal, é um dado real com imperfeições reais.

Muito depende do próprio dado. Os dados que vêm com jogos de tabuleiro são fabricados de modo grosseiro. *Yam* é um jogo de dados que está disponível desde os anos 1950. É disputado com cinco dados. O *Yam* ocorre quando os cinco dados são lançados e marcam o mesmo número no final. As chances de se obter um *Yam* são de 1.295 em 1.[9] Você poderia supor que seriam necessárias 1.296 tentativas para se obter o *Yam*. No entanto, se muitas pessoas em todo o mundo passassem algum tempo tentando, poderia facilmente acontecer na primeira tentativa. Isso é exatamente o que Brady Haran pensou quando pediu que suas centenas de seguidores em seu site tentassem obter um *Yam* e gravassem em vídeo a jogada. Então, algumas pessoas obtiveram o *Yam* após apenas algumas rodadas, e muitas foram bem-sucedidas após apenas algumas centenas de rodadas.[10]

No século XVIII, para descobrir as possibilidades de um evento, simplesmente se contava os casos: considerava-se a razão entre o número de resultados esperados e o número de todos os casos possíveis. Um dado honesto podia cair em uma de seis faces possíveis; assim, a probabilidade *p* do dado cair em qualquer face específica é de 1/6. No entanto, Bernoulli formulou a questão de maneira diferente. Ele quis ampliá-la, incluindo problemas envolvendo doenças e condições meteorológicas, na esperança de incluir outras questões científicas.[11]

Teorema de Bernoulli

Frequentemente, os matemáticos se impressionam com a magnificência e a beleza de um princípio abstrato. Comovem-se com o tipo de beleza que emerge quando uma teoria é elegantemente aplicada ao mundo natural. Jacob Bernoulli, matemático suíço, exultou quando demonstrou a lei fraca dos grandes números após estudar o *Liber de Ludo Aleae*, de Cardano. Essa lei é realmente incrível, pois revela que, embora a natureza seja imprevisível, com sua quantidade insondável de ingredientes e variáveis, ainda temos meios fantasticamente inteligentes de medir seus segredos.[12] Isso fornece um instrumento incrível em relação à incerteza.

Em 1705, quando Jacob Bernoulli morreu, deixou muitos manuscritos incompletos e inéditos para o seu sobrinho Nicholas Bernoulli. Nos oito anos seguintes, Nicholas organizou os papéis de seu tio e, finalmente, publicou *Ars Conjectandi* [*A arte da conjectura*], obra inovadora, que até hoje é reconhecida por apresentar algumas das noções iniciais mais decisivas da teoria matemática das probabilidades. Publicado postumamente em 1713, *Ars Conjectandi* assumiu uma abordagem singular, dando o exemplo de uma urna cheia de fichas brancas e pretas e nos revelando como descobrir a razão entre fichas brancas e pretas, mesmo quando não sabemos que a urna contém 3 mil fichas brancas e 2 mil fichas pretas. Em primeiro lugar, entenda que há uma probabilidade matemática dada como relação entre a razão entre fichas brancas e o número de todas as fichas. Mas não sabemos quais são esses números. Então, como podemos saber essa probabilidade matemática? Eis o plano de Bernoulli: cegamente, você escolhe uma ficha, registra sua cor, coloca de volta na urna e a sacode. Se você repetir isso, ou seja, a coleta cega de fichas, uma por uma, inúmeras vezes, você chegará perto daquela probabilidade matemática secreta. De fato, mesmo quando você aumenta a quantidade de coletas, chegará mais perto daquela probabilidade matemática. Suponhamos, por exemplo, que após a coleta cega, você registrou 120 fichas brancas e 80 pretas. Então, a quantidade de brancas em relação às pretas será na razão de 3 para 2. Dessa maneira, você pode assumir que a probabilidade de coletar uma ficha branca é de 120/200, ou 3/5.

Ars Conjectandi, de Bernoulli, forneceu a lei fraca dos grandes números. Em relação a arremessar uma moeda honesta N vezes, na expectativa de tirar k caras, o teorema revela algo a respeito da probabilidade de quão perto a razão k/N será de 1/2; a probabilidade matemática que caras *sairão* numa única jogada. Por meio de uma autoilusão, muitos jogadores entendem que, para altos valores de N, os resultados dos eventos chegarão perto das probabilidades desses resultados. Portanto, pegando o jogo de cara ou coroa como exemplo de novo, a ilusão sugere que, desde que $p = 1/2$, a quantidade total de caras convergirá para a quantidade total de coroas num período longo. O teorema afirma apenas que a *chance* disso acontecer converge para a certeza num período longo. Não há garantia do que acontece em algum caso individual. Como exemplo, suponhamos que temos um jogo com N eventos repetidos, tal como tirar cara ou coroa N vezes, e contamos a quantidade de vezes que dá cara. A probabilidade matemática de uma moeda honesta dar cara é de 1/2. O que realmente vamos observar quando tiramos cara ou coroa na vida real? A taxa de sucesso k/N será próximo de 1/2, tão próximo, digamos, para ficar dentro de uma diferença de 1/10.000? Na realidade, não somos capazes de dar uma resposta, mas podemos colocar isso de outra maneira, perguntando se haverá uma ocasião em que a probabilidade será maior do que, digamos, 0,999, a fim de que a diferença entre k/N e 1/2 seja menor que 1/10.000. O teorema de Bernoulli diz que *sim, que haverá essa ocasião*, se N continuar a crescer com o tempo. No entanto, isso não impede totalmente ocorrências quando a diferença entre k/N e 1/2 é maior do que 1/10.000, mesmo para N grande. De fato, mesmo se a taxa de sucesso k/N ficar próximo de 1/2, não há garantia de que continuará a ficar próximo. Além disso, constata-se que uma versão um pouco mais forte do teorema de Bernoulli revela que, embora a taxa de sucesso k/N tenda a convergir para 1/2, os valores reais de sucesso tendem a se comportar de modo cada vez mais descontrolado. Consideremos essa afirmação surpreendente: a probabilidade de que a quantidade real de sucessos se desvie do número $k/2$ esperado de sucessos (isto é, a moeda dar cara) torna-se cada vez mais provável à medida que a quantidade de tentativas se torna muito grande. Embora contrária à intuição, a afirmação é verdadeira.[13] No entanto, também diz que, num período longo, a diferença entre a média real que podemos obter empiricamente após as tentativas (que é desconhecida antes de essas tentativas ocorrerem) e a média calculada matematicamente tende a ser tão pequena quanto quisermos, desde que a quantidade de tentativas N seja bastante grande. Significa que eventos empíricos aleatórios (sem absolutamente nenhuma memória de cada resultado) apresentam uma média próxima do número calculado matematicamente.

Bernoulli ficou tão satisfeito com seu teorema que imaginou aplicá-lo aos eventos mais gerais envolvendo tudo do mundo. Em *Ars Conjectandi*, escreveu:

> Se afinal esse resultado notável for seguido, se a observação de todos os eventos for continuada por toda a eternidade (com a probabilidade finalmente transformada em certeza absoluta), então tudo no mundo será visto acontecendo em razões fixas e com uma lei constante de alternação. Portanto, mesmo no mais acidental e fortuito, deveremos reconhecer uma quase necessidade certa e, por assim dizer, fatalidade. Não sei se Platão já quis ou não impor esse resultado no dogma do retorno universal das coisas a suas posições anteriores [apocatástase], em que ele previu que, após o desenrolar de um sem número de séculos, tudo retornaria à sua condição original.[14]

Na teoria, o teorema de Bernoulli foi uma proeza matemática, intelectual e explosiva, da medição da incerteza. Prometia prever o futuro. É onde encontramos pela primeira vez uma lei matemática que oferece um *insight* imenso, mas objetivo, de como a possibilidade se comporta no mundo real, um teorema que Bernoulli anunciou orgulhosamente como sólido, original e tão excelente que dava dignidade a todas as partes de seu tratado. No entanto, Bernoulli se sentiu desencorajado por algumas de suas próprias experiências, com aplicações em problemas envolvendo doenças e condições meteorológicas. Ambiciosamente, ele se deu um critério de certeza extremamente duro, mesmo para o padrão aceito atualmente.[15]

Bernoulli nos proporcionou um enorme poder aplicado ao comportamento incerto da natureza, e também aos jogos de azar, um método de achar o valor esperado sem nenhuma informação *a priori*. "De fato, se, em lugar da urna, colocarmos, por exemplo, o ar ou o corpo humano, que contém dentro de si, o germe [*fomitem*] de diversas mudanças nas condições meteorológicas ou nas doenças, assim como a urna contém as fichas, seremos capazes, exatamente da mesma forma, de determinar, por observação, quanto mais facilmente nesses assuntos esse ou aquele evento pode acontecer."[16]

Quando Einstein comentou intencionalmente que "Deus não joga dados com o universo", ele estava se referindo àquilo que, naquela época, era a nova mecânica quântica, que não podia prever resultados com certeza.[17] A fortuna jamais admitirá que o resultado de um dado jogado não é aleatório de verdade, da mesma forma que a comissão da loteria jamais admitirá que as bolas de pingue-pongue que dão os números da loteria não são apanhadas aleatoriamente. Ninguém ainda desenvolveu uma máquina física que dê números aleatórios absolutos. "Jogar dados", escreve o físico Robert Oerter, "não é inerentemente aleatório; o resulto só parece aleatório por causa de nossa falta de conhecimento em relação a pequenos detalhes, a variável oculta (como o ângulo de lançamento e o atrito) que determina o resultado da jogada".[18] Em nosso universo, a maioria dos fenômenos (principalmente aqueles afetados pelas autoridades atômicas) possui muitas dessas variáveis ocultas para a matemática prever seus resultados. Em geral, desconhecemos os detalhes dessas maravilhas. No entanto, temos esse presente incrível, que era um segredo até o fim do século XVII, dando-nos um indício de que a chave para entender a aleatoriedade – e também os meios para prever o futuro – é o entendimento de que a maioria dos acontecimentos do mundo mecânico não quântico obedece a lei fraca dos grandes números, ainda que cada evento individual não tenha história de seu passado. Se Deus joga dados ou não, as tendências a longo prazo das expectativas são previsíveis e, quase sempre, garantidas.[19]

A demonstração de Bernoulli se baseia na quantidade de maneiras que os objetos podem ser combinados; um cálculo que não tem nada a ver com os ventos aleatórios da fortuna. Edith Dudley Sylla, eminente tradutora de *Ars Conjectandi*, afirma que Bernoulli explicou a conexão por meio da teologia. Ela escreveu: "Ele se convence que, na mente ou na vontade de Deus, existem casos distintos ou determinados, conhecidos eternamente por Deus, que se manifestam na experiência ou na observação ao longo do tempo." O "eterno" ao qual ela se refere é a desconsideração do tempo por Bernoulli nas taxas aleatórias de sucesso. Sylla aponta para o argumento de Bernoulli que "não há diferença real entre jogar um dado sucessivamente ao longo do tempo e jogar simultaneamente uma quantidade de dados igual as vezes que um dado foi jogado".[20]

Valor esperado

A expectativa, medida pelo *valor esperado* (a ser definido em breve), é o arreio que governa os mistérios da incerteza. Ela, junto com o *desvio padrão*, que mede o grau de dispersão em relação à expectativa, fornece uma janela para o mundo estocástico (aleatório). Essas duas medidas – valor esperado e desvio padrão – são os elementos básicos da estatística de distribuição de frequências, ou seja, medições de quão próximos os dados se agrupam em torno de algum valor central. Milagrosamente, deles e da álgebra simples, temos – se não gestão direta – pelo menos uma medida *soft* da possibilidade fenomenológica segundo a lei fraca dos grandes números. No mundo físico, cada jogada de um dado e cada queda de uma bola de pingue-pongue são influenciadas por uma grande quantidade de forças e circunstâncias mutáveis (velocidade, trajetória, correntes de ar, efeitos de giro, momento angular, impacto etc.) dificilmente mensuráveis, mas determináveis no mundo ideal da matemática.

Em 1657, Christiaan Huygens, matemático e astrônomo holandês, publicou *De Ratiociniis in Ludo Aleae* [Sobre o raciocínio em jogos de azar], que, durante o próximo meio século, se manteve como o principal trabalho a respeito de probabilidade.[21] Nele, está o primeiro reconhecimento impresso da diferença entre quantidade de sucessos e a *chance* de quantidade de sucessos.[22]

> Embora os resultados dos jogos governados meramente pela sorte sejam incertos, o grau pelo qual uma pessoa está mais perto de ganhar do que de perder sempre tem uma determinação. Portanto, se uma pessoa tentar tirar um seis ao jogar um dado pela primeira vez, é, de fato, incerto se ela terá êxito, mas o quão mais provável ela vai fracassar do que ter sucesso é exato e pode ser calculado.[23]

Huygens dá o exemplo de um jogo de azar em que você tem de pagar para jogar. Uma pessoa esconde três moedas numa mão e sete na outra, e lhe oferece as moedas da mão que você escolhe. Você deve pagar para continuar. Mas a pergunta é: quanto você deve pagar para jogar? A primeira proposição de Huygens dá a resposta: "Se eu puder esperar *a* ou *b*, e se um ou outro cair de modo fácil e igual em meu destino, então devo dizer que minha expectativa vale $(a + b)/2$". A resposta é 5; isto é, o *valor esperado* (o valor que você deve obter em troca), ou a média de 3 e 7. Não fica claro se Huygens entendeu o poder notável que sua noção teria no futuro da análise de riscos, dos jogos de azar e da própria ciência. No entanto, ele entendeu que o núcleo da teoria das probabilidades é simplesmente o valor esperado. Teria sido prematuro para um matemático de meados do século XVII conhecer a verdade real, qual seja, que tudo do desempenho aleatório da natureza, incluindo os comportamentos das rendas vitalícias, dos seguros, da meteorologia, da medicina e também dos jogos de azar, pode ser mais ou menos previsto pelos cálculos dos valores esperados. Em geral, calcula-se o valor esperado multiplicando-se a probabilidade pelo desembolso. Na maioria dos casos, é a média ponderada de todos os valores possíveis que podem ocorrer, onde a ponderação é a probabilidade. É a soma de todos os valores possíveis após cada valor ser multiplicado pela probabilidade que o mesmo ocorrerá. Isso faz sentido; afinal, você *esperava* ganhar cinquenta centavos sobre um dólar para cada aposta em coroa no jogo de cara ou coroa.

Por exemplo, considere a loteria Texas Lotto. A Tabela 5.1 mostra os resultados para os acertos de 3, 4, 5 e 6 números. Para se obter o valor esperado do jogo, multiplique a probabilidade e o desembolso para cada possível acerto e faça a soma abrangendo todos os acertos.

Tabela 5.1

Acerto	Desembolso	Probabilidade
6 números	Grande prêmio	0,000000038
5 números	2 mil dólares	0,00001115
4 números	50 dólares	0,000654878
3 números	3 dólares	0,013157894

Se supusermos que o grande prêmio é de 2 milhões de dólares, então o valor esperado será de 0,000000038 x (US$ 2.000.000) + 0,00001115 x(US$ 2.000) + 0,000654878 x (US$ 50) + 0,013157894 x (US$ 3) = US$ 0,171517582. Em outras palavras, o valor real de um bilhete para jogar é de apenas 17 centavos de dólar.

No estágio inicial da história da probabilidade, as pessoas utilizavam o valor esperado como grau de risco, sem saber que acabaria se revelando a medição mais natural da tendência central, a medição da tendência para os dados se agruparem perto de algum valor central, como vimos na Figura 5.3, na página 64.

Capítulo 6

Longa série de caras

De acordo com a Organização Mundial da Saúde (OMS), em todo o mundo, a proporção entre nascimentos de homens e total de nascimentos é de 0,515.[1] Quando consideramos áreas específicas, ou países específicos, essa chance está longe de 50%. O México tinha uma proporção muito baixa entre nascimento de homens e de mulheres, enquanto os Estados Unidos e o Canadá tinham uma maior do que a proporção média.[2] Contudo, com uma população mundial superior a 7 bilhões, as chances de nascimentos masculinos, em contraste com os nascimentos femininos, estão perto de 50%. O motivo é simples. O espermatozoide humano possui números iguais de cromossomos X e Y, tendo uma possibilidade igual na fecundação. É um cara ou coroa honesto.

Após arremessar uma moeda honesta 7 bilhões de vezes, podemos esperar que metade dos arremessos acabasse em cara. No entanto, devíamos esperar ver uma série de 1 milhão de caras consecutivas? Uma máquina para tirar cara ou coroa nos ensina que, apesar das interferências aleatórias da trajetória de uma moeda, ela pode ser feita para dar cara 100% das vezes.

A probabilidade de uma moeda honesta arremessada dar cara é de 1/2. Sabemos da matemática que, quando a quantidade de arremessos cresce, a razão entre caras e coroas cada vez mais se aproxima de 1. O julgamento heurístico confunde o significado dessa última sentença, convertendo-o na crença de que, de algum modo, uma longa série de coroas será compensada por meio de uma série de caras de equilíbrio. É fácil se deixar seduzir pela impressão errônea de que, se uma face da moeda não surgir por um longo tempo, as possibilidades de seu aparecimento aumentam em cada jogada, ainda que saibamos que, teoricamente, toda vez que uma moeda é jogada, a chance a favor e contra cada resultado é exatamente a mesma: pode dar tanto cara quanto coroa. Simplesmente, as pessoas tendem a confundir a diferença entre resultados e frequências.

Longas séries de caras podem acontecer. Vi séries muito longas de caras. Pode parecer intuitivamente estranho isso acontecer, mas considere uma coisa: suponha que você arremesse uma moeda dez vezes e dê cara sete vezes. Portanto, a proporção entre caras e coroas é de 7 para 3. Agora, a intuição popular sugere que, para os próximos dez arremessos, as coroas devem aparecer mais do que seis vezes, para contrabalançar o número mais do que esperado de caras que já apareceram. No entanto, a moeda não possui memória do que fez antes, só tem uma história registrada pela pessoa que está observando o resultado. Não há nada que impeça que a moeda dê cara nos próximos quinhentos arremessos, e mesmo assim ficaríamos surpresos se isso acontecesse.

A Figura 6.1 representa um resultado acumulado gerado por computador de quinhentas caras ou coroas repetidas (+ 1 para cada cara e – 1 para cada coroa). A linha horizontal representa 0. Caras e coroas alternam-se na liderança. É uma corrida de cavalos entre dois cavalos de chances iguais. Isso é o que você pode esperar. O julgamento intuitivo normal favorece a opinião de que os gráficos do jogo de cara ou coroa devem quicar acima e abaixo da linha do 0. No entanto, com muita frequência, esses gráficos favorecem um lado em vez do outro por longos períodos de tempo.

A aleatoriedade absoluta como teoria não é igual à aleatoriedade absoluta no mundo físico, real. Aquelas bolas de pingue-pongue numeradas, que primeiro giram naquelas esferas de acrílico para determinar um número da loteria, não escapam aleatoriamente por um canal, ainda que para um observador casual elas estejam, sem dúvida, dando números imprevisíveis. O cara ou coroa que determina o chute inicial no futebol americano está muito longe de ser aleatório. De fato, o resultado de um cara ou coroa é simplesmente uma questão de física. Construíram-se máquinas capazes de arremessar uma moeda inúmeras vezes – mil, 1 milhão – para demonstrar que toda vez a moeda dará cara.

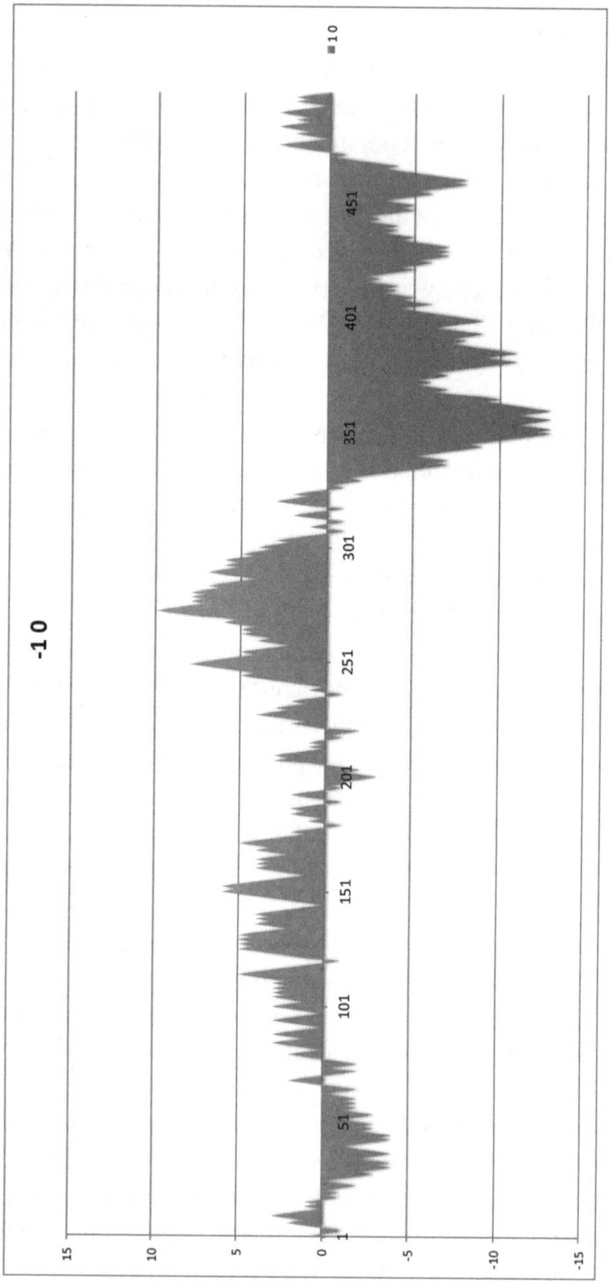

Figura 6.1 – Frequências acumuladas de caras *versus* coroas como função da quantidade de arremessos.

Experiências recentes criadas para analisar o jogo de cara ou coroa demonstram que as moedas, mesmo moedas honestas, tendem a se comportar da mesma maneira que começaram, e que os resultados são dependentes do ângulo entre o normal à moeda e o vetor momento angular. Em outras palavras, o voo da moeda é determinado por suas condições iniciais. Diaconis, Holmes e Montgomery construíram uma máquina que arremessava moedas por meio de uma catraca liberada por mola.[3] Nessa máquina, qualquer moeda que começa dando cara sempre (100% das vezes) dá cara. Assim, o resultado de um cara ou coroa é associado à física, sem aleatoriedade. A mão humana que arremessa e as diversas variáveis do ambiente causam variações no resultado, dando a impressão de ser aleatórias.

No entanto, podemos ser enganados pela ilusão de que a moeda está realmente girando quando, de fato, ela simplesmente pode estar em precessão através do ar, como um giroscópio em rotação lenta. Em voo, a orientação da moeda é ditada por seu vetor momento angular, que pode estar sempre apontando para cima. Assim, uma moeda que começa com a cara para cima pode sempre estar com a cara para cima conforme segue sua trajetória, dando a impressão que a cara e a coroa estão girando.

Quando se trata de um jogo real de cara ou coroa, onde os resultados são determinados até pela menor interferência de tremores de terra que ocorrem a quase mil quilômetros de distância ou por aquela borboleta intrometida causadora do caos no Pacífico, as coisas são diferentes. No entanto, diferente não significa razoável nem compreensível. Os pousos da moeda podem muito bem ser aleatórios, mas nossa percepção humana a respeito da aleatoriedade está muitas vezes em desacordo com nossas próprias premonições de resultados aleatórios. Como a moeda não possui memória dos resultados prévios, não deveríamos ficar surpresos se desse cara cem vezes consecutivas, mas ficamos.

A Figura 6.2 conta uma história estranha. Os resultados se comportam como o esperado até ao redor do quadragésimo quinto arremesso, quando o pouso da moeda em coroa passa a predominar durante os próximos 105 arremessos, aproximadamente. Em seguida, há um período razoável em que o pouso da moeda em cara volta a predominar, levando o valor acumulado para perto de 0. No entanto, novamente, ao redor do arremesso 286, as coroas predominam e permanecem na liderança de

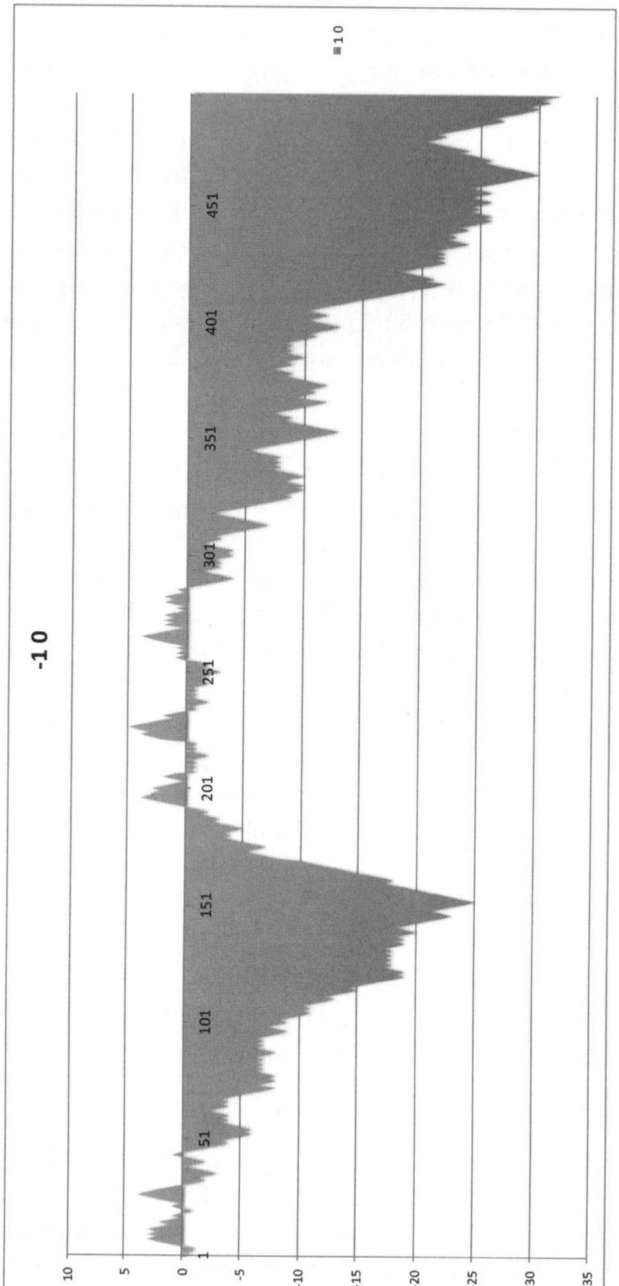

Figura 6.2 – Frequência acumulada de caras *versus* coroas como função do número de arremessos.

novo até o final. Não é o que a nossa intuição a respeito do que deveria acontecer foi desobedecida. Sem dúvida, a razão real entre caras e coroas chegará cada vez mais perto de 1, num período muito maior que jamais se materializou, mas não vemos isso acontecendo num período curto. Em 500 arremessos, as coroas apareceram exatamente 12 vezes mais que as caras. Isso parece muito próximo, mas, frequentemente, as sequências de coroas *versus* caras podem produzir uma grande diferença nos resultados acumulados. Por exemplo, considere a próxima tentativa, exposta na Figura 6.3.

As caras estão no controle completo. Os resultados acumulados colocam as caras na liderança durante quase toda a duração dos arremessos, dando a impressão que as coroas nunca conquistarão a liderança.

Os resultados de 1 milhão de caras ou coroas são analisados na Tabela 6.1: os resultados virtuais de uma série gerada em computador de 1 milhão de arremessos. A razão k/N, onde k representa a quantidade de sucessos e N a quantidade de tentativas, é denominada *taxa de sucesso observada.* Na Tabela 6.1, a coluna do lado direito registra os valores absolutos da diferença entre a taxa de sucesso observada e 1/2, a taxa de sucesso matematicamente prevista.

A lei fraca dos grandes números não impede que nenhum dos eventos improváveis aconteça frequentemente no jogo, no início ou depois. De fato, mesmo se a taxa de sucesso chegar perto da taxa de sucesso matematicamente prevista, não haverá garantia de que continuará a permanecer perto. Um resultado matemático um pouco mais forte revela que, embora a taxa de sucesso tenda a convergir para aquilo que é matematicamente previsto, os valores reais de sucesso tendem a se comportar de modo cada vez mais descontrolado com o crescimento da quantidade de eventos. É contrário à intuição, mas verdadeiro.

A lei fraca dos grandes números, aplicada a qualquer evento cuja probabilidade de sucesso é p, revela a probabilidade de $(k/N - p) < \varepsilon$ chegar mais perto de 1 à medida que N fica maior. Considere $\varepsilon = 0{,}0001$ (isso é arbitrário), com $p = 1/2$, para o arremesso de moeda, e pergunte o quão provavelmente $k/N - 1/2$ é menor do que 0,0001. Note (Tabela 6.1) que $k/N - 1/2$ salta para valores baixos de N. Mas dá a impressão de também estar saltando para valores altos. De 100 mil a 200 mil, aumenta. Mesmo na faixa de 800 mil a 900 mil, aumenta, antes de diminuir em 1 milhão.

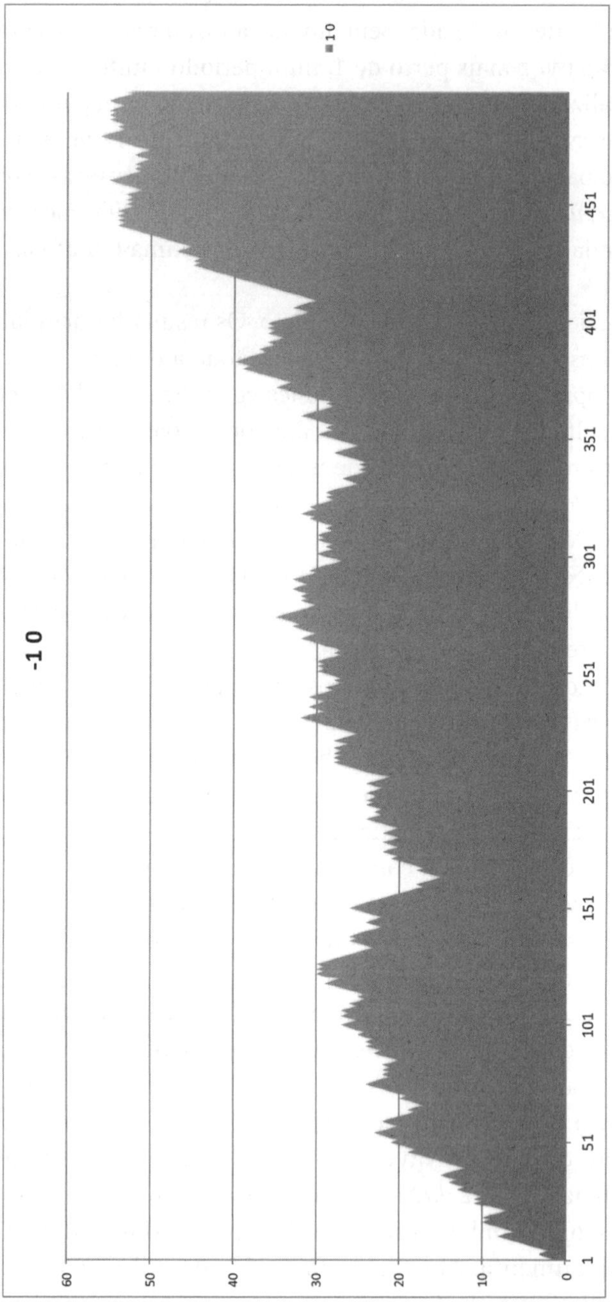

Figura 6.3 – Frequência acumulada de caras *versus* coroas como função do número de arremessos.

A impressão enganosa é que a diferença entre caras e coroas deve se aproximar de zero. Mas não diz nada sobre a volatilidade ao se aproximar dos números altos. Como podemos ver, a volatilidade aumenta com o aumento da quantidade de arremessos.

Tabela 6.1 – Série gerada em computador de 1 milhão de caras ou coroas

N = Quantidade de arremessos	*k = Quantidade de caras observadas*	*k/N*	$\left\lvert \frac{k}{N} - \frac{1}{2} \right\rvert$
2.500	1.254	0,5016	0,0016
5.000	2.561	0,5122	0,0112
7.500	3.758	0,5012	0,0012
10.000	5.018	0,5018	0,0018
12.500	6.226	0,4981	0,0019
15.000	7.411	0,4941	0,0059
17.500	8.805	0,5031	0,0031
20.000	10.007	0,5004	0,0004
100.000	49.995	0,49995	0,00005
200.000	99.883	0,49942	0,000585
300.000	150.279	0,50093	0,00093
400.000	200.186	0,500465	0,000465
500.000	250.007	0,500014	0,000014
600.000	300.342	0,50057	0,00057
700.000	349.788	0,499697	0,000303
800.000	400.257	0,50032125	0,00032125
900.000	449.688	0,49965333	0,0034667
1.000.000	500.010	0,50001	0,00001

Tabela 6.2 – Detalhes da Tabela 6.1

N	k = *Caras*	*Coroas*	*Caras – Coroas*	*(Caras – Coroas)/N*	$\left\vert \frac{k}{N} - \frac{1}{2} \right\vert$
5.000	2.561	2.439	122	0,0244	0,0122
67.500	33.371	34.129	– 758	– 0,01122963	0,005614815
82.500	41.597	40.903	694	0,008412121	0,004206061

Então, nesse caso, o que está acontecendo? Parece que N maiores possuem alguma liberdade em relação à lei dos grandes números porque na vastidão dos grandes números há espaço para mais erros imperceptíveis.

Para 5 mil arremessos, saíram 2.561 caras e 2.439 coroas, com uma diferença de 122. Isso dá um erro percentual de 2,4, o que não parece tão mau. No entanto, ao não sabermos a distribuição dessas caras, pode ser que 122 caras saíram consecutivamente. Considerando essa perspectiva, imagine 758 coroas saindo consecutivamente em 67,5 mil arremessos, ou 694 caras saindo consecutivamente em 82,5 mil arremessos. Em outras palavras, não há lei matemática que impeça a possibilidade de uma imensa quantidade de caras saindo consecutivamente quando N é grande.

Capítulo 7

Triângulo de Pascal

No mundo físico, não existe simetria perfeita, máquinas construídas pelo homem de tolerância infinitesimal ou modelos ideais. É um mundo de variáveis ocultas, entrelaçadas profundamente, cujos acontecimentos são muito difíceis de especificar por meio de medida exata. Assim, a possibilidade real acontece, e, muitas vezes, recorremos a quadros probabilísticos para compreender os fenômenos mais desconcertantes da possibilidade.

E se você tivesse a falta de sorte de ter uma doença rara, a síndrome mielodisplásica, um câncer em que a medula óssea não produz bastante células sanguíneas saudáveis? Você encararia o dilema de aceitar um transplante de medula óssea com 70% de possibilidade de sucesso ou não fazer nada com 70% de possibilidade de morrer dentro dos próximos dez anos. Claro, o transplante tem seus riscos. Entre a necessidade de quimioterapia e os riscos de infecção, haveria cerca de 30% de possibilidade de que você morreria dentro dos próximos seis meses.

Brian Zikmund-Fisher, que leciona risco e probabilidade na Escola de Saúde Pública, da Universidade de Michigan, encarou esse dilema em 1998. Diagnosticado com síndrome mielodisplásica, ele foi informado que, sem tratamento, ele teria uma sobrevida de apenas dez anos, e, com tratamento, teria uma possibilidade de 70% de ter uma vida normal.[1] Ele apostou no transplante. A questão aqui é que as chances não dizem nada a respeito do indivíduo. A possibilidade de 70% vem de dados estatísticos coletados em relação a centenas (talvez milhares) de indivíduos, que se pegam em seu dilema: uma estatística nacional, não local. Os agrupamentos estatísticos envolvem tendências e possibilidades, e não casos individuais, que podem ganhar ou perder.

Leve em conta algum evento que você considera raro. Suas possibilidades matemáticas podem ser de 1 em 1 milhão, mas isso pode acontecer porque o evento está sendo avaliado como fenômeno local. Um exemplo pode envolver um esquilo atingido por um raio enquanto atravessava uma rua. Quando falamos naquela linguagem familiar das possibilidades, frequentemente falamos de modo figurativo, sem nenhum método sistemático de dar respaldo aos nossos termos. Assim, a possibilidade de 1 em 1 milhão é geralmente aplicada àquilo que achamos que acontece em uma área um tanto grande dos Estados Unidos. Contudo, os Estados Unidos são um país imenso. Vemos isso voando sobre ele, observando todas aquelas minúsculas casas, minúsculas árvores e imensos hectares de verde. Não pensamos sobre quantos esquilos estão lá fora, nem acerca de quantos estão atravessando as ruas em determinado momento. Os cientistas avaliam que existam 1,12 bilhão de esquilos nos Estados Unidos; ou seja, três vezes a população humana. E os esquilos estão sempre atravessando as estradas.

Com 1,12 bilhão de esquilos, 6,5 milhões de quilômetros de estradas e 9.826.721 quilômetros quadrados de terra, é plausível que, num determinado minuto de algum dia, existam 300 esquilos, em média, atravessando as estradas norte-americanas.[2] Nas tempestades, podem até existir mais. Em média, por ano, nos Estados Unidos, acontecem mais de 110 mil tempestades. Há muito mais tempestades no verão do que no inverno, o que torna a possibilidade de um raio atingir um esquilo no verão muito grande.

Todo evento da natureza tem de considerar diversas possibilidades indeterminadas. O arremesso de um dado pode depender muito de sua posição inicial na mão que arremessa e pode depender menos das ondas sonoras de uma voz no recinto. Esses são apenas dois modificadores externos que guiam o dado para sua posição de repouso. Como o dado bate na mesa, a precisão de seu equilíbrio, como parte da mão e a elasticidade de sua colisão com a mesa influenciarão que lado se apresenta para cima quando ele chega ao repouso.

Considere disputar um jogo onde só existem vitórias e derrotas, sem empates. Faça com que X represente o resultado de um evento, e $P(X)$, a probabilidade de que o evento realmente aconteça. Se você estivesse tirando cara ou coroa, por exemplo, *P*(*caras*) seria igual a 1/2, assim como *P(coroa)*. Na roleta americana, existem 38 fendas na roda, incluindo 0 e 00: 18 são vermelhas; 18, pretas; 0 e 00 são verdes. Se você apostar no vermelho, *P*(*vermelho*) será igual a 18/38, ou, de maneira mais simples, 9/19; e *P(preto)* será de 10/19. Se você estiver arremessando um dado, esperando um 1, *P*(1) será igual a 1/6.

Escolha um jogo, jogue quatro vezes e pergunte: qual é a probabilidade de ganhar zero, uma, duas, três ou quatro vezes? É uma pergunta oportuna, pois o jogo de azar real envolve séries acumuladas de vitórias e derrotas. Volte a pensar nos quatro prêmios de loteria de Joan Ginther. Você também pode querer saber as chances de se sair melhor do que terminar sem ganhar nem perder, ou pelo menos as chances de não perder mais do que duas vezes em quatro apostas.

Faça com que sequências de Vs e Ds representem sequências de vitórias e derrotas. Perder quatro vezes será representado por DDDD e ganhar quatro vezes será representado por VVVV. Há apenas uma única maneira de ganhar quatro vezes e uma única maneira de nunca ganhar. E ganhar uma vez em quatro rodadas? Há quatro maneiras de ganhar uma vez em quatro rodadas, representadas por VDDD, DVDD, DDVD e DDDV. E, é claro, há quatro maneiras de perder uma vez em quatro rodadas. E ganhar duas vezes em quatro rodadas? Ganhar duas vezes será representado por seis configurações: VVDD, DVDV, VDDV, DVVD, DVDV, e DDVV. Não consideremos a ordem de vitórias e derrotas, pois as registramos em sequências de quatro letras sem levar em conta a ordem. Em eventos exclusivos mutuamente excludentes, em que o resultado de um evento não tem memória de qualquer outro, como rodadas de roleta ou cara ou coroa, as probabilidades de uma ou outra de duas coisas acontecerem é o produto das probabilidades de cada uma. A partir do que dissemos no Capítulo 4, se *A* ou *B* são possíveis resultados, a probabilidade de *A e B* acontecerem é o produto de *P(A)P(B)*, e a probabilidade de *A ou B* acontecerem é a soma *P(A) + P(B)*.

Agora, considere o caso intermediário de ocorrerem duas vitórias em quatro rodadas. Para simplificar a notação, façamos com que *p* represente *P(W)* e *q* represente *P(L)*. A probabilidade de uma única vitória é *p*, e, como vitórias e derrotas são mutuamente excludentes (isto é, cada rodada não depende da rodada anterior), vemos que a probabilidade de ocorrerem duas vitórias em quatro rodadas é de p^2q^2. É porque você teria de ganhar duas vezes *e* perder duas vezes, e quando o conectivo lógico é *e*, as probabilidades são multiplicadas. No entanto, como vimos, isso pode acontecer de seis maneiras distintas: VVDD, VDVD, VDDV, DVVD, DVDV, e DDVV.

Como *ou* é o conectivo lógico, a probabilidade de qualquer um desses eventos ocorrer é $ppqq + pqpq + pqqp + qppq + qpqp + qqpp$, ou, simplesmente, $6p^2q^2$.

A Tabela 7.1, construída a partir do conhecimento dos valores de *p* e *q* para os três jogos distintos, expõe as probabilidades de se ganhar zero, uma, duas, três ou quatro vezes, em quatro rodadas.

Na teoria, tanto para a roleta quanto para o cara ou coroa, de acordo com a Tabela 7.1, um jogador tem mais possibilidade de ganhar duas vezes em quatro rodadas. Poderíamos construir uma tabela de probabilidades para 100 rodadas de roleta e cara ou coroa, embora fosse um processo excessivamente longo e carente de espírito prático. Em vez disso, deixe-me dizer que, em 100 rodadas de cara ou coroa, um jogador tem mais probabilidade de tirar cara cinquenta vezes, mas, em 100 rodadas de roleta, o jogador tem mais probabilidade de obter vermelho apenas 47 vezes.[3] O Santo Graal dos apostadores é saber em quais 47 rodadas.

Note a simetria envolvendo roleta e cara ou coroa, a assimetria envolvendo dados, e a assimetria extrema envolvendo loterias. E a coluna para roleta na Tabela 7.1? Num gráfico de barras, marcando a quantidade de vezes que o vermelho aparece *versus* a probabilidade de obter esse número de vermelhos (veja a Figura 7.1A), há uma simetria distorcida junto ao número 2, enquanto o centro de gravidade (o ponto de equilíbrio geométrico) parece estar num número um pouco menor que 2. Quando o número de rodadas aumenta para 8, a distorção é ainda mais pronunciada (veja a Figura 7.1B).[4]

Tabela 7.1

Número de acertos	Número de maneiras que um acerto pode acontecer	Probabilidade de acerto	Probabilidade de vermelho na roleta	Probabilidade de caras no cara ou coroa	Probabilidade de tirar 7 com um par de dados	Probabilidade de prêmio na loteria Texas Lotto (aproximadamente)
0	1	$1q^4$	0,077	0,0625	0,4823	0,999999848
1	4	$4p^1q^3$	0,276	0,25	0,3858	1,52 x 10^{-7}
2	6	$6p^2q^2$	0,373	0,375	0,1157	8,66 x 10^{-15}
3	4	$4p^3q^1$	0,224	0,25	0,0154	2,19 x 10^{-22}
4	1	$1p^4$	0,050	0,0625	0,0008	2,09 x 10^{-30}

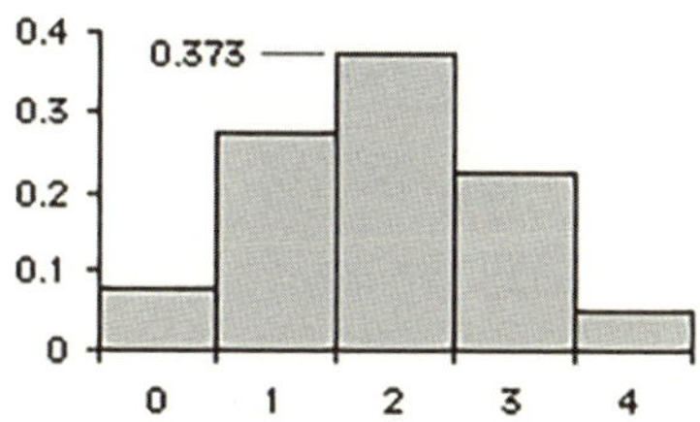

Figura 7.1A – Probabilidade de ganhar obtendo vermelho em quatro rodadas de roleta.

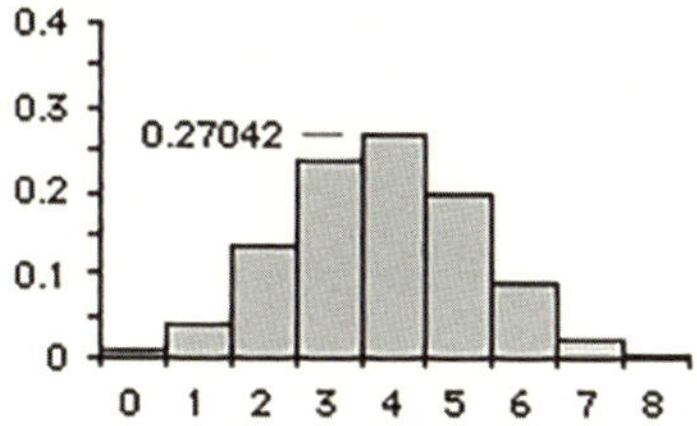

Figura 7.1B – Probabilidade de ganhar obtendo vermelho em oito rodadas de roleta.

Aumentar a quantidade de rodadas de roleta aplaina o gráfico. Para 100 rodadas, existirão 101 retângulos, sem nenhuma distorção.[5]

A Figura 7.2 é o que se denomina *distribuição de frequências*. A altura de cada quantidade de sucessos revela quão frequentemente esses sucessos devem ocorrer. As barras estão distribuídas sobre o eixo horizontal, de uma maneira que a soma total de suas áreas seja igual a 1. Em outras palavras, a área sob o gráfico considera 100% de todos os eventos possíveis. A maior parte da distribuição de frequências se concentra entre 32 e 62, com a barra mais alta em 47. Abaixo de 32 e acima de 62, as probabilidades são tão pequenas que não podemos vê-las no gráfico. Por exemplo, $P(31) = 0{,}00034$ e $P(63) = 0{,}0006$. Vermelho é muito menos provável de sair vinte ou oitenta vezes, mas, como todas as coincidências, não é impossível.

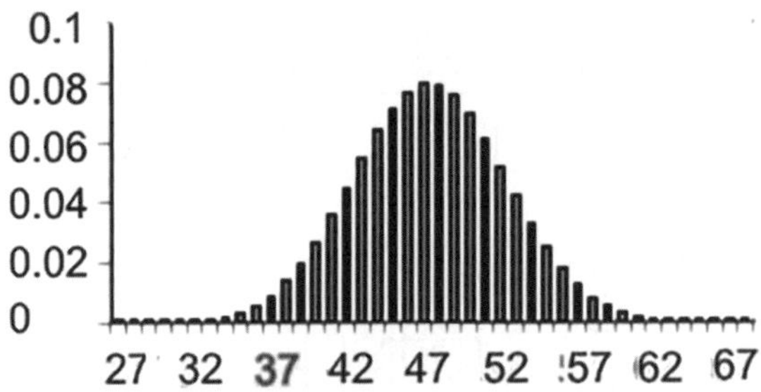

Figura 7.2 – Probabilidade de dar vermelho em 100 rodadas de roleta.

Para cara ou coroa, onde p é igual a q, ocorre simetria perfeita. No entanto, p não é obrigado a ser igual a q. Encontramos uma simetria distorcida, que fica mais pronunciada quanto mais distante p for de q. Na Tabela 7.1, vemos simetria perfeita na quinta coluna da esquerda para a direita e quase nenhuma simetria na sétima coluna. No entanto, todos os cálculos estão vindo da terceira coluna, um resultado do magnífico *triângulo de Pascal*, uma chave para o depósito das ferramentas da probabilidade.

O triângulo de Pascal equivale ao arranjo triangular de números a seguir:

1

1 2 1

1 3 3 1

1 4 6 4 1

1 5 10 10 5 1

1 6 15 20 15 6 1

Figura 7.3 – Triângulo de Pascal

Na Figura 7.3, cada número é a soma dos dois números diretamente na linha acima; por exemplo, o terceiro número na quinta linha (10), a partir do topo, é a soma de 4 e 6 na quarta linha. Inicialmente, note a simetria e, depois, que os números são os mesmos números que vemos quando expandimos as potências de uma soma de duas variáveis; por exemplo, p e q. Achamos esses mesmos números quando expandimos a potência $(p + q)^n$. Por exemplo, quando $n = 2$, $(p + q)^2 = (p + q)(p + q) = p(p + q) + q(p + q) = p^2 + pq + qp + q^2 = p^2 + 2p^1q^1 + q^2$.

Se registrarmos a expansão para $n = 1, 2, 3, 4, 5, 6...$, obteremos o seguinte arranjo com aparência triangular:

$$(p+q)^0 = 1$$
$$(p+q)^1 = 1p^1q^0 + 1p^0q^1$$
$$(p+q)^2 = 1p^2q^0 + 2p^1q^1 + 1p^0q^2$$
$$(p+q)^3 = 1p^3q^0 + 3p^2q^1 + 3p^1q^2 + 1p^0q^3$$
$$(p+q)^4 = 1p^4q^0 + 4p^3q^1 + 6p^2q^2 + 4p^1q^3 + 1p^0q^4$$
$$(p+q)^5 = 1p^5q0 + 5p^4q^1 + 10p^3q^2 + 10p^2q^3 + 5p^4q^1 + p^0q^5$$
$$(p+q)^6 = 1p^6q^0 + 6p^5q^1 + 15p^4q^2 + 20p^3q^3 + 15p^2q^4 + 6p^1q^5 + p^0q^6$$

Para qualquer n, as constantes nas expansões dos binômios $(p + q)^n$ são exatamente os números do triângulo de Pascal.

O triângulo possui uma história que começa muito antes de Blaise Pascal.[6] Ele surgiu nas obras de Chu Shï-kié, algebrista chinês do século XII, e, depois, na página de rosto de *O livro da aritmética*, de Petrus Apianus, em 1527 (que aparece na pintura *Os embaixadores* [1533], de Hans Holbein, o Jovem), mais de um século antes de Pascal investigar o triângulo cujo nome foi dado em sua homenagem.[7] No Irã moderno, o triângulo é conhecido como *triângulo de Khayyám*, nome dado em homenagem a Omar Khayyám, célebre poeta e matemático persa, que utilizou o triângulo no século XII para criar um método para descobrir raízes *n*-ésimas. Na China moderna, denomina-se *triângulo de Yang Hui*, nome dado em homenagem a outro matemático que o introduziu na China no século XIII. Na Itália, é o *triângulo de Tartaglia*, nome dado em homenagem ao matemático Niccolò Tartaglia, que viveu um século antes de Pascal. No entanto, Pascal, colecionador de diversos resultados que já tinham ficado conhecidos a respeito do triângulo, utilizou-os na teoria das probabilidades.[8]

Distribuições de probabilidades

A Figura 7.2 revela a probabilidade de dar vermelho em 100 rodadas de roleta. Vimos como o gráfico se configura a partir dos exemplos de cálculo da Tabela 7.1 e dos coeficientes vindos dos binômios $(p + q)^n$. No gráfico, a distribuição das barras é, com razão, denominada *distribuição binomial*. A palavra *binomial* resulta da construção baseada em dois monômios, *p* e *q*. Quando aumentamos *n*, os topos do gráfico de barras se aplainam, parecendo mais uma curva em forma de sino. Quanto maior *n*, mais harmoniosa a curva.

Escolha um *n* grande. Vamos transformar o gráfico de barras, mas preservando sua área e, portanto, a probabilidade. Como a base de cada barra possui uma unidade de largura, as distribuições de probabilidades são representadas pelas áreas dos retângulos e também pelas alturas. As modificações, por meio de movimentações, contrações e ampliações inteligentes, resultam num novo gráfico, que preserva toda a informação útil do original.[9] Naturalmente, agora, no gráfico modificado, o eixo vertical não mais representará a probabilidade. Esse trabalho cabe às áreas dos retângulos, e essas áreas não mudaram porque ampliamos o vertical e contraímos o horizontal pelo mesmo fator.

O que alcançamos? Eis a maravilha, uma ideia inspirada. A curva (o gráfico de barras de distribuição binomial que aparece na Figura 7.2), que representa a probabilidade de ganhar no vermelho em 100 rodadas de roleta, pode ser rigorosamente aproximada por uma curva matemática específica. Nesse caso, a coisa importante para entendermos é que essa curva específica descreve muitos fenômenos naturais resultantes do comportamento da possibilidade. Espantosamente, essa curva específica representa eventos da roleta, ainda que não tenha ligação aparente com bolas caindo em fendas vermelhas das rodas da roleta. Mais surpreendente ainda, essa mesma curva também reproduz o cara ou coroa. Apenas uma curva simula as probabilidades de tantas diversas ocorrências. Para obter informações acerca da probabilidade de uma ocorrência específica, devemos alimentar o modelo com alguma informação. Devemos fornecer dois números: a média e o desvio padrão (medida da dispersão a partir da média).[10] Esses dois números dão as informações ao modelo sobre, digamos, a roleta, especificamente; ou seja, a probabilidade de sucesso p (a bola caindo na fenda vermelha) é de 9/19. Uma vez que temos esse p específico e N (a quantidade de rodadas da roleta), somos capazes de calcular o desvio padrão para nosso jogo específico de jogar vermelho na roleta.[11] É uma medida de quão dispersos os resultados estão em relação à média; isto é, o *desvio padrão em relação à média*, mais comumente conhecido como *desvio padrão*.[12]

Assim, cada curva de frequência binomial é transformada por um artifício matemático (mediante movimentação e escalonamento) numa *curva normal padrão* especial e poderosa, cujo gráfico é exposto na Figura 7.4.[13]

Na Figura 7.4, os números na base da curva estão contando os números dos desvios padrão em relação à média. Agrupamos as tentativas em grupos de desvios padrão. As probabilidades individuais de resultados do evento não são mais visíveis. Na Figura 7.4, a variável X sob a curva mede o desvio da quantidade de sucessos em relação à quantidade mais provável de sucessos. Assim, X, a unidade horizontal, é medida em desvios padrão. A altura da curva não é mais uma probabilidade, porque foi escalonada e contraída, para preservar a área sob a curva. Contudo, obtemos diversas informações valiosas em troca de todo esse escalonamento e essa contração. Uma é que cerca de 68% da área sob a curva se situa sobre um desvio padrão em relação à média, e que cerca de 95% da área se situa sobre dois desvios padrão em relação à média. Outra informação é saber que um desvio padrão é marcado por pontos de inflexão; ou seja, aqueles pontos na curva onde a forma da curva muda de côncava para baixo para côncava para cima.

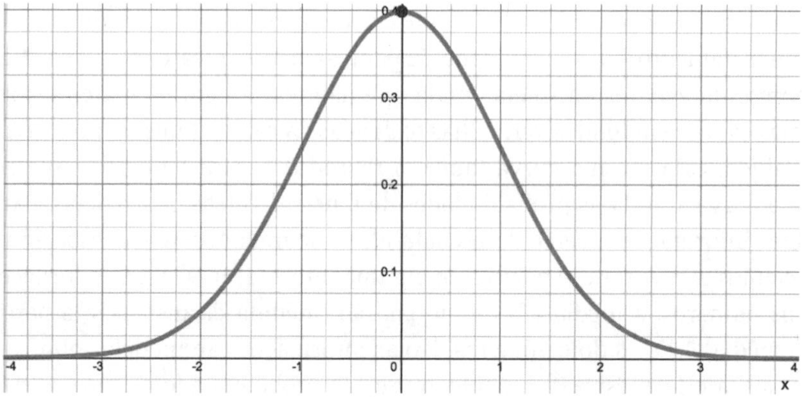

Figura 7.4 – O gráfico da curva normal padrão.

Embora um desvio padrão para um resultado vermelho em 100 rodadas de roleta não seja o mesmo que um desvio padrão para cara em 100 rodadas de cara ou coroa, a curva em ambos os casos é magicamente a mesma. As interpretações do que essas curvas significam será diferente. E embora a curva da Figura 7.4 possa ser a mesma para diversas distribuições de chances em jogos de azar, as marcações no eixo devem ser interpretadas mediante cálculos específicos da média e do desvio padrão. Essa informação dependerá do número de rodadas e das probabilidades de resultados positivos, específicas ao jogo.

Quando examinamos a distribuição de frequências, tendemos a considerar predominantemente o desvio em relação ao normal. Contudo, o que acontece muito fora da variação normal pode ter um efeito devastador sobre o resultado acumulado total. Prestamos pouca atenção nessa área externa, pois estamos pensando principalmente nas questões da tendência central e nos eventos que são altamente prováveis, e não no que pode acontecer nos casos mais improváveis.

Levamos sempre em conta os casos improváveis ou os piores cenários possíveis? Ou simplesmente dizemos que são tão raros que devemos desprezá-los? Eles são as coincidências, ou os acasos da natureza, os eventos físicos reais, que se deslocam impelidos pelos ventos do acaso. Conforme a quantidade de arremessos de uma moeda honesta continua a crescer, a quantidade total de caras pode exceder muito a quantidade total de coroas (ou vice-versa). Por exemplo, se você arremessar uma moeda cem vezes, caras podem sair toda vez; improvável, mas possível, apesar das chances serem de 1 em 1. Sendo mais conservador por um momento, consideremos o caso onde, em 100 arremessos, os eventos mostram 41 caras e 59 coroas, ou probabilidades de 0,41 e 0,59, respectivamente. Parece uma diferença grande, mas em 100 arremessos, a diferença real entre caras e coroas é de apenas 18. No entanto, se você arremessar a moeda 500 vezes (como fizemos no Capítulo 6), e descobrir que as razões recuaram para mais perto de uma probabilidade de 1/2 – digamos, onde a razão entre caras e arremessos totais é de 0,45 e a de coroas e arremessos totais é de 0,55 – serão 225 caras e 275 coroas; uma diferença de 50.

Em outras palavras, as diferenças podem continuar crescendo mesmo quando as razões estão recuando para 1/2. Junte isso ao entendimento de que não há previsão para a distribuição de resultados, e, então, descobrimos que, à medida que a quantidade de arremessos aumenta, também cresce a possibilidade de maiores quantidades de caras repetidas.

Poderíamos ter arremessado a moeda 100 vezes, feito uma pausa, arremessado outras 100 vezes, e continuado dessa maneira. Cada vez poderíamos ter contado como uma nova vez. Assim, como a diferença entre caras e coroas pode ser 50 em 500 arremessos e possivelmente apenas 10 em 100 arremessos? Quando a diferença de 50 acontece? Não poderia acontecer durante os últimos 100 arremessos, todos consecutivos? Sem dúvida, também seria uma coincidência, mas qualquer possibilidade abre uma chance modesta.

Na teoria, na roleta, o jogo é realizado com uma bola idealmente esférica, girando e saltando ao redor de uma roda impecavelmente balanceada, com fendas precisamente espaçadas, num recinto perfeitamente nivelado, em algum mundo que jamais vimos, num mundo que jamais existiu. Apostas reais acontecem no mundo físico, onde bolas e rodas são usinadas e fabricadas com tolerâncias extremamente severas, mas máquinas construídas pelo homem fabricam essas bolas e rodas. A ligação entre o ideal e o físico é mágica, mas tão profundamente intricada, que ficamos ofuscados por aquilo que não entendemos.

Mundo ideal versus *mundo físico*

No mundo físico, podemos testar de boa-fé rodas de roleta em termos de integridade ou tendenciosidades, fazendo uma tabela de observações que pode ser representada por um gráfico de distribuição de frequências. Essa representação pode não parecer o gráfico de nosso modelo perfeito, mas, se a roda for, de fato, um tanto honesta, e, se observarmos várias rodadas, então o gráfico dos resultados observados deverá se assemelhar (na forma, pelo menos) ao gráfico da Figura 7.4. Se efetuarmos *n* tentativas de uma experiência, teremos *n* resultados observados O_1, O_2, O_3,... O^n, com as respectivas probabilidades p_1, p_2, p_3,... p^n, para fornecer uma distribuição de probabilidades observada. Por exemplo, como observamos antes, no arremesso de dados, qualquer uma das seis faces pode ser um resultado, cada uma com uma probabilidade de 1/6. Num jogo honesto, a versão experimental da distribuição deve se revelar muito parecida com a distribuição teórica, com o reconhecimento de que algumas discrepâncias na certa vão acontecer num mundo que não é perfeito.

Nesse contexto, o *perfeito* converte-se em *matemática*. A compreensão da chance real resulta da comparação dos dados coletados pelas observações, com cálculos que são *previstos* num mundo perfeito. Os jogadores podem saber que as chances estão contra eles, e mesmo assim esperam que o mundo físico se desvie de suas expectativas, para favorecer as apostas deles. Isso resulta do pensamento poderoso de que *alguém tem de ganhar*. Eles se arriscarão pesadamente contra as expectativas matemáticas da fortuna.

Ao analisar os registros publicados ao longo de quatro semanas, de julho a agosto de 1892, no cassino de Monte Carlo, Karl Pearson, matemático inglês, descobriu que o mecanismo, tão preciso na usinagem e tão perfeitamente ajustado na mesa de roleta quanto pode ser, não estava obedecendo plenamente as leis das possibilidades.[14] Supondo a precisão matemática, essas leis nos dizem que uma bola deve ter possibilidade igual de cair em qualquer uma das 37 fendas da roda.

Excluindo a fenda 0, há uma possibilidade matemática igual de a bola cair numa fenda vermelha ou preta.[15] Isso deve significar que, para uma grande quantidade de giros físicos, a bola deve cair na fenda vermelha 50% das vezes.

No entanto, após passar uma quinzena examinando 4.274 giros da roda de uma roleta de Monte Carlo, Pearson descobriu que os desvios padrão em relação ao normal eram quase dez vezes o que deviam ser. As chances contra isso acontecer numa roda de roleta honesta eram de mais de 10 trilhões em 1. Pearson escreveu: "Se a roleta de Monte Carlo estivesse em funcionamento desde o início do tempo geológico desse planeta, não deveríamos esperar essa ocorrência enquanto sucedesse esse jogo no período de duas semanas, na suposição de que o jogo é um jogo de azar."[16]

Por alguma coincidência milagrosa, Pearson topou com um evento tão improvável, que só poderia ocorrer uma vez na história do mundo. Isso deveria servir de motivo para se duvidar da integridade da roda da roleta? Um aluno de Pearson tentou a experiência de novo durante outra quinzena e encontrou resultados menos improváveis, mas previstos de ocorrerem apenas uma vez em 5 mil anos de jogo contínuo, dia e noite. Outro investigador observou 7.976 giros durante uma quinzena em Monte Carlo, e calculou as chances contra uma roda honesta de 263.000 em 1. Outras experiências se depararam com as mesmas coincidências. Em 1893, uma observação de 30.575 giros mostrou chances contra de mais de 50 milhões em 1. De acordo com Pearson, "a roleta de Monte Carlo, se julgada pelos lucros que são divulgados sem aparentemente serem repudiados pela Société, é, se as leis das possibilidades governam, do ponto de vista de ciência exata o milagre mais prodigioso do século XIX...".[17]

A divergência da teoria em relação à prática era tão improvável que Pearson escreveu: "*As chances são de centenas de milhões em uma contra esse desvio...*"[18] Suas observações diferiram da teoria matematicamente prevista: chances contra de 1 bilhão em 1! Warren Weaver, eminente matemático, escreveu a respeito de uma ocasião na década de 1950 em que uma roda de roleta, em Monte Carlo, deu par 28 vezes em sequência direta. As chances disso acontecer são de 268.435.456 em 1. Com base no número de jogadas por dia, em Monte Carlo, esse evento tende a acontecer somente uma vez em quinhentos anos.[19] E John Scarne, especialista em jogos de azar, escreveu a respeito de uma ocasião, em 9 de julho de 1959, no El San Juan Hotel, em Porto Rico, quando uma bola da roleta caiu no 10 seis vezes consecutivas. As chances disso acontecer são de 133.448.704 em 1.[20]

Se a expectativa é de que o jogo seja honesto, e se o que observamos é altamente improvável, então o jogo pode não ser realmente honesto. No entanto, também sabemos, de acordo com a lei fraca dos grandes números, que eventos extremamente raros possuem uma possibilidade razoavelmente alta de acontecerem ao menos uma vez se o número de tentativas é suficientemente grande.

Você se lembra da famosa coincidência no filme *Casablanca*? Também é uma coincidência tão improvável que só pode ocorrer uma vez na história do mundo. No filme, Rick Blaine, o dono da casa noturna Rick's, tenta salvar Jan, noivo de uma jovem búlgara, de perder todo o seu dinheiro para obtenção de um visto de saída na mesa de roleta. Annina, jovem, bela e ingênua, questionou Rick a respeito da honestidade de Louie Renault, capitão de polícia, que lhe prometeu um visto de saída em troca de certas concessões.

Recordemos a cena seguinte na sala de jogos do Rick's Café. Jan está sentado junto à mesa de roleta. Só lhe restaram três fichas. Rick entra e se coloca atrás de Jan.

Crupiê (*para Jan*): O senhor deseja fazer outra aposta?

Jan: Não, não, acho que não.

Rick (*para Jan*): Você tentou o 22 esta noite? (*Olha para o crupiê*) Eu disse 22.

(*Jan olha para Rick e, em seguida, para as fichas em sua mão. Ele faz uma pausa e, depois, põe as fichas no 22. Rick e o crupiê se entreolham. A roda é girada. Carl está observando.*)

Crupiê: *Vingt-deux, noir, vingt-deux.* (*Ele empurra uma pilha de fichas sobre o 22.*)

Rick: Deixe-as aí.

(*Jan hesita, mas deixa a pilha. A roda gira. Para.*)

Crupiê: *Vingt-deux, noir.* (*Ele empurra outra pilha de fichas na direção de Jan.*)

Rick (*para Jan*): Pegue o dinheiro e não volte.

(*Jan fica de pé para se dirigir ao caixa.*)

Um cliente (*para Carl*): Diga-me, você tem certeza que esse lugar é honesto?

Carl (*excitadamente, com seu adorável sotaque iídiche*): Honesto? Honestíssimo!

As chances contra uma bola de roleta cair na fenda do número 22 duas vezes consecutivas são de 1.369 em 1, de modo algum a questionabilidade que imaginamos quando assistimos ao filme. É ficção. Mais que justo. Na vida real, num jogo honesto com essas chances, não deveríamos ficar surpresos de ver o 22 ser o número ganhador duas vezes consecutivas. No entanto, Rick o mencionou, e o número saiu exatamente quando ele o mencionou. Isso torna as chances contra muito maior do que 1.369 em 1.

Anterior a essa honestidade maravilhosamente ficcional no Rick's Café, houve o relato fictício dissimulado de Signor Emanuel Ravelli (Chico) e do Professor (Harpo) jogando bridge em *Os galhofeiros*, filme dos Irmãos Marx. Ravelli e o Professor (sócios eternos em crimes) estavam tirando cartas para determinar as parcerias num jogo de bridge. Ravelli tira sua carta e anuncia que obteve um ás de espadas. Em seguida, o Professor tira uma carta e a mostra, levando o Signor Ravelli a gracejar: "Ele tirou um ás de espadas. Hã, hã! É o que podemos chamar de coincidência!"

Capítulo 8

O problema com macacos

Frequentemente, somos enganados pela magnitude de nosso mundo. É maior do que pensamos; é menor do que pensamos. Cem anos trás, permanecíamos perto de nossas cidades e vilarejos. Sem dúvida, meus tios-avôs e minhas tias-avós, na Polônia, não viajavam para longe de seu *shtetl*. Hoje, por causa de nossa mobilidade internacional, topamos com amigos e parentes sem surpresa. Não compreendemos a imensidão do mundo quando somos capazes de ir de Nova York para Hong Kong em quinze horas. Se eu perguntar quantas pessoas no mundo se suicidaram no tempo em que você leu esse parágrafo, você poderá muito bem dizer que nenhuma pessoa se suicidou. No entanto, para dar uma ideia de como o mundo é realmente grande, deixe-me lhe dizer isso: de acordo com as estimativas da Organização Mundial da Saúde (OMS), em média, a cada quarenta segundos, alguém, em algum lugar do mundo, comete suicídio. São 2.160 pessoas, por dia, em média! A taxa varia de acordo com o país. Na Índia, onde o suicídio é ilegal, a taxa é quase o dobro da média mundial.

Por definição, as coincidências são eventos que acontecem sem causa aparente. Aparente para quem? Não significa que não há causa. Geralmente, o mundo funciona por meio de causa e efeito. Digo geralmente porque existem fenômenos acausais na física, na psicologia e na religião. Mas a palavra *aparente* nos revela que, no momento em que tomamos conhecimento da causa de um fenômeno coincidente, seu status se reduz a um simples evento de tempo-espaço. Isso deve significar que as coincidências são relativas às pessoas afetadas por elas. Também significa que a causa inaparente está ali, esperando para ser descoberta. Se não existe causa, então acontece por acaso.

As chances contra de tirar o ás de espadas num baralho comum e bem embaralhado de 52 cartas é de 51 em 1, significando que existem 51 maneiras de não tirar essa carta e 1 de tirá-la. As chances contra de tirar um ás de qualquer naipe são de 12 em 1. Significa que, ao tirar 13 cartas, você tem uma boa chance de tirar um ás. O que acontece é uma questão de sorte.

Suponha que você tirou o ás de espadas, recolocou-o no baralho e o tirou de novo. Suas chances de tirar a mesma carta ainda são de 51 em 1, embora fossem de 2.703 em 1 de tê-la tirado duas vezes consecutivas. Isto é, ao tirar o ás de espadas de novo, duas coisas tiveram de acontecer, cada uma com chances de 51 em 1; assim, a probabilidade de tirar esse ás duas vezes é de (1/52)(1/52) = 1/2704, e, portanto, as chances de tirá-lo duas vezes são de 2.703 em 1. Pode dar a impressão de ser paradoxal, visto que a segunda ação de tirar a carta não deveria ser mais desafiadora do que a primeira.

Mesmo com essa pequena possibilidade, ainda é possível tirar o ás de espadas uma segunda vez. Pela experiência, sabemos que isso acontece com bastante frequência. Você pode apostar um dólar que consegue tirar o ás de espadas duas vezes consecutivas, mas não aposte tudo. A coisa inteligente a fazer é apostar esse um dólar contra um pagamento em retorno não inferior a 2.703 em 1 de que você vai tirar o ás de espadas de novo. Assim, se tiver alguns milhares de dólares a mais, poderá disputar o jogo algumas milhares de vezes e sair... hã-hã... com uma chance bastante razoável de ganhar ao menos uma vez.

Naturalmente, é muito mais improvável tirar o ás de espadas uma terceira vez consecutiva, ou uma quarta vez. A probabilidade de tirá-lo uma quarta vez é de (1/52)(1/52)(1/52)(1/52) = 1/7.311.616; assim, as chances contra isso são de 7.311.615 em 1. Improvável, mas não impossível. Dessa vez, nem mesmo aposte um dólar. Na realidade, não é impossível tirar o mesmo ás cinquenta vezes consecutivas, ou cem vezes consecutivas, ou qualquer outro grande número de vezes.

Se tirar o ás de espadas quatro vezes consecutivas, talvez passe a desconfiar do baralho. No entanto, a possibilidade é uma coisa engraçada. Nada nas leis das possibilidades impede o ás de espadas de sair quatro vezes consecutivas. Não mais do que lançar notas musicais no ar e vê-las pousar sob a forma de uma sonata de Beethoven. Você não apostaria que consegue compor música como Beethoven lançando notas no ar. No entanto, é certamente possível que, ao lançar notas no ar com grande frequência, algum tipo de sonata razoável possa nascer.

Agora vamos supor que você está jogando pôquer com outros dez jogadores. As chances de tirar um *royal flush* de paus – A♣ K♣ Q♣ J♣ 10♣ – são de 2.598.959 em 1. Por quê? Porque existem 52 maneiras distintas de a primeira carta ser dada, 51 maneiras distintas de a seguinte ser dada, 50 maneiras de a terceira carta ser dada, 49 maneiras de a quarta ser dada e, finalmente, 48 maneiras de a quinta ser dada. Então, existem 52 x 51 x 50 x 49 x 48 maneiras distintas de as cinco cartas serem dadas. Mas esse número é muito grande. Presume que a cartas foram distribuídas numa ordem específica. Mas em que ordem? Não importa. Você pode ter recebido o ás em primeiro, segundo, terceiro, quarto ou último lugar. Determinar quando o ás foi dado deixa quatro possibilidades para o rei, três para a dama, duas para o valete e uma para o dez. Assim, para calcular a quantidade de maneiras que as cartas podem ser distribuídas, devemos dividir (52 × 51 × 50 × 49 × 48) por (5 × 4 × 3 × 2 × 1) para obtermos 2.598.960. Significa que existem 2.598.959 chances de NÃO serem distribuídas as cartas A♣ K♣ Q♣ J♣10♣, e uma chance de serem distribuídas. Mas essas também são as chances de tirar uma mão sem valor. Qualquer pessoa concordaria que uma mão contendo 3♠ 6♥ 8♣ J♦ Q♠ é fraca. As chances de essa mão fraca ser dada também são de 2.598.959 em 1. Pense nisso dessa maneira: as chances de serem dadas as cartas A♣ K♣ Q♣ J♣10♣ são muito menores do que as chances dessa mesma mão ser distribuída para toda e qualquer pessoa.

O problema do aniversário

Há pelo menos dois modelos matemáticos que fornecem maneiras apropriadas de avaliar coincidências. Um envolve o problema do aniversário, que diz que, em qualquer grupo de 23 pessoas, as chances são quase de 50% que duas pessoas comemorem o aniversário no mesmo dia. O outro envolve o problema do macaco, que pergunta: se dado um grande período de tempo, um macaco, digitando aleatoriamente num teclado de computador, poderá escrever o primeiro verso de um soneto de Shakespeare?

O problema do aniversário foi tratado na internet e em livros de matemática populares, sendo uma das curiosidades mais exploradas na sala de aula; assim, pode parecer que esse problema já foi abordado à exaustão. No entanto, ainda é o modelo para pensarmos nas coincidências, e, provavelmente, o melhor modelo. Talvez devamos pensar nele como o *problema da coincidência*; afinal, estamos buscando a possibilidade de que dois acontecimentos, *A* e *B*, coincidam num grande grupo de acontecimentos do espaço-tempo. Podemos perguntar quão grande o maior grupo de acontecimentos deve ser para que *A* e *B* tenham uma possibilidade maior que 50% de coincidirem. O problema também é bastante generalizável para fornecer um *insight* de como as leis das probabilidades funcionam contra a intuição. O problema padrão pode ser formulado da seguinte maneira: em um grupo de *N* pessoas aleatoriamente selecionadas, quão grande *N* deve ser para proporcionar uma possibilidade maior que 50% de que duas pessoas do grupo compartilhem o mesmo aniversário? A resposta é $N = 23$; um número surpreendentemente pequeno.

Determinar *N* não é difícil. Faça com que $p(N)$ denote a probabilidade de *N* pessoas não compartilharem o mesmo aniversário. Primeiro suponha que $N = 2$. Então, $p(2) = 365/365 \text{ x } 364/365$, porque uma de duas pessoas pode ter nascido em qualquer um dos 365 dias, eliminando um dia para a outra pessoa. Essa $p(2)$ é muitíssima próxima de 1. Nenhuma surpresa aqui. Em seguida, suponha que $N = 3$. Por um motivo similar ao caso de $N = 2$, a terceira pessoa não pode compartilhar um aniversário com qualquer uma das outras duas; assim $p(3) = 365/365 \text{ x } 364/365 \text{ x } 363/365$. Esse produto é fácil de se obter numa calculadora. Continuando dessa maneira, vemos que $p(N)$ diminui com o aumento de *N*. No fim, chegamos a $N = 23$, e, nesse momento, estamos calculando:

$$p(23) = 365/365 \times 364/365 \times 363/365 \times \ldots \times 343/365 = (1/365)^{23} \times (365 \times 364 \times 363 \times \ldots \times 343) = 0{,}4927.$$

A Tabela 8.1 e a Figura 8.1 mostram que $p(23)$ (a probabilidade que nem duas das 23 pessoas do grupo tenham o mesmo aniversário) é igual a 0,4927. Convertendo o negativo para o positivo, verificamos que a probabilidade de que duas pessoas num grupo de 23 pessoas tenham o mesmo aniversário é de 0,5073; uma chance maior do que 50%.

Tabela 8.1

N	2	3	4	5	6	7	8	9	10	11	12
p	0,9972	0,9918	0,9836	0,9836	0,9595	0,9435	0,9257	0,9054	0,8831	0,8589	0,8330

N	13	14	15	16	17	18	19	20	21	22	23
p	0,8056	0,7769	0,7471	0,7164	0,6850	0,6531	0,6209	0,5886	0,5563	0,5243	0,4927

Mesmo num problema tão cuidadosamente estruturado, há suposições que distorcem a solução. Uma suposição secundária foi ignorar os anos bissextos. Uma suposição mais importante foi ignorar o fato de que os aniversários não são distribuídos de maneira tão aleatória ao longo do ano como pensamos. Sabemos que os aniversários tendem a se agrupar por motivos que podem ter a ver com feriados, desastres naturais, estações do ano e outros desequilíbrios insondáveis.

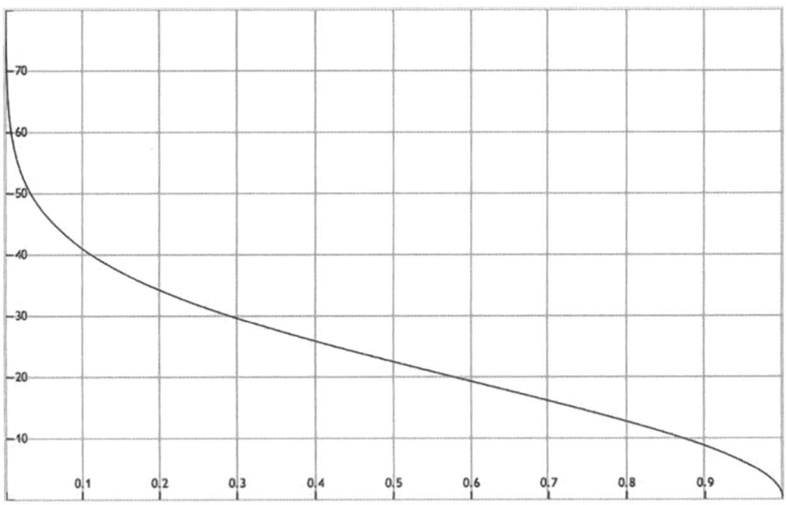

Figura 8.1 – Gráfico relativo ao tamanho do grupo requerido para não termos nem duas pessoas compartilhando o aniversário e a probabilidade de que nem duas pessoas nesse grupo compartilhem o aniversário.

Há algumas curiosidades. Para haver uma chance maior do que 50% de que três pessoas num grupo compartilhem um aniversário, você pode pensar que seria necessário um número perto de 23 pessoas adicionais. O número correto é 88. Para quatro aniversários compartilhados, esse número vira 187.[1] A Tabela 8.2 e a Figura 8.2 mostram como os números aumentam, em que *k* representa o número de datas de aniversário compartilhadas.[2]

O problema padrão do aniversário foi apresentado pela primeira vez por Richard von Mises, matemático nascido na Galícia polonesa, que, inteligentemente, deixou Berlim em 1933 e obteve um cargo na Universidade de Istambul, onde fez um grande trabalho em mecânica dos fluidos, aerodinâmica e teoria das probabilidades. Em 1939, transferiu-se para os Estados Unidos após aceitar uma oferta da Universidade Harvard.[3]

O problema tem muitos disfarces. De um ponto de vista, é um problema de análise combinatória. Podemos até considerá-lo um problema de dados puramente hipotético: você arremessa 23 vezes um dado de 365 lados e busca a probabilidade de que ele caia duas vezes no mesmo lado. (É um experimento mental hipotético, pois não existe um dado físico com 365 lados.) Mas outra maneira de enxergar o problema seria numerar todos os dias do ano e misturá-los num padrão aleatório. Talvez os números de 1 a 365 possam ser impressos em fichas plásticas, postos numa gaiola giratória, e coletados N vezes, um por um, com reposição. Então, pergunte: qual é a probabilidade $p(N)$ de que um número será coletado duas vezes após N coletas?[4]

Tabela 8.2

k	2	3	4	5	6	7	8	9	10	11	12	13
N	23	88	187	313	460	623	798	985	1.181	1.385	1.596	1.813

Fonte: Bruce Levin, "A Representation for Multinominal Cumulative Distribution Functions", *Annals of Statistics* 9 (1981): 1123–1126.

Agradeço a Bruce Levin por essa tabela.

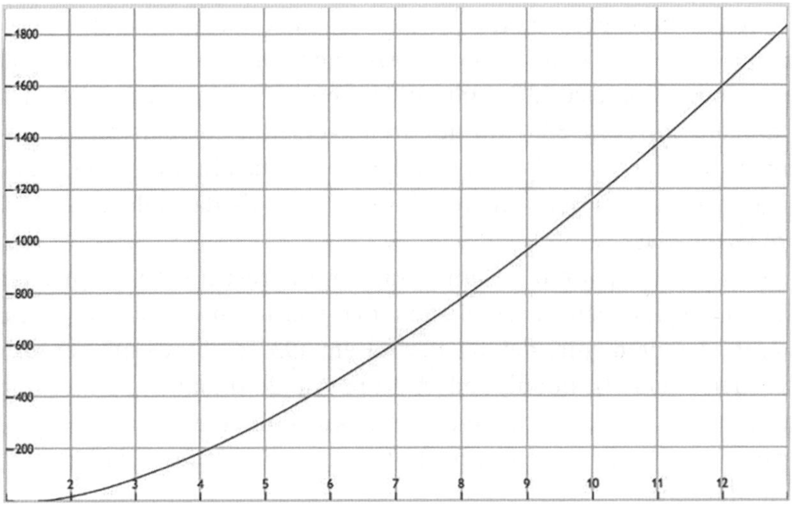

Figura 8.2 – Gráfico relativo ao tamanho do grupo requerido para termos uma chance maior do que 50% de que *x* pessoas compartilhem um aniversário.

Se mudássemos o problema, buscando a quantidade de pessoas que se reúnem, digamos, numa conferência nacional, que compartilham os últimos quatro dígitos do número da Previdência Social, teríamos uma questão semelhante. A única diferença seria que o número 365 teria de ser substituído por 9999, assumindo que nenhuma pessoa possua o número 0000. Como essa suposição, há uma chance maior do que 50% de que, numa conferência nacional com 118 participantes, dois compartilharão os últimos quatro dígitos do número da Previdência Social.[5] Esses últimos quatro dígitos não têm significado real e são mais ou menos independentes da data de nascimento de uma pessoa.

Antes de eu começar a escrever este livro, Agnes, uma colaboradora de uma revista feminina digital, soube, de alguma maneira, que eu estava escrevendo um livro a respeito de coincidências. "Prezado professor Mazur, por favor, desculpe-me por algo que pode dar a impressão de ser uma pedido um tanto estranho", ela escreveu num e-mail para mim. "Quão provável é conhecer alguém (realmente conhecer, e não fazer uma pesquisa na internet) que compartilha sua data de nascimento (não o aniversário)? Aconteceu comigo duas vezes, e, ironicamente, em momentos importantes de minha vida."

Até aquele momento jamais tinha pensado na questão complexa de Agnes. No entanto, depois de muito refletir, rapidamente entendi que sua análise fornece a matemática essencial para quase todas as coincidências. Agnes não está buscando a probabilidade de que duas pessoas num grupo compartilhem o mesmo aniversário; em vez disso, ela está buscando a probabilidade de que *ela*, ela mesma, compartilhe uma *data de nascimento* com alguém num grupo; uma pergunta muito mais difícil de responder. Para distinguir a pergunta de Agnes, vamos chamá-la de o *problema do companheiro de data de nascimento.*

Como alguém consegue responder? Não estamos mais falando de 365 dias, mas, sim, de milhares de dias. Quais são as variáveis? A pergunta de Agnes não é acerca das datas de nascimento de duas pessoas quaisquer, mas acerca de sua própria data de nascimento, que coincide com alguém dentre seus conhecidos. E, tornando-a ainda mais difícil, não é apenas ela ter conhecidos que compartilham sua data de nascimento; trata-se de se deparar com companheiros de data de nascimento e descobrir que *são* companheiros de data de nascimento.

Se Agnes estivesse interessada em calcular a probabilidade de alguém que ela conhece compartilhar seu aniversário, seria surpreendentemente fácil dar uma resposta. Digamos que ela faça aniversário em 1º de julho. Seu aniversário real não é importante para o problema. É só uma questão de especificar uma data, ou, em outras palavras, formular o problema de modo que busquemos a probabilidade de que alguém no recinto faça aniversário numa data específica. A chance de que um conhecido não nasceu em 1º de julho é de 364/365. A probabilidade de que N de seus conhecidos não nasceram em 1º de julho é de $(364/365)^N$. Assim, para calcular uma chance igual de que N de seus conhecidos não compartilhem seu aniversário, devemos solucionar a equação $(364/365)^N = 1/2$ para chegarmos a N. Então, descobrimos que $N = 252,65$.[6] Assim, Agnes tem uma chance maior do que 50% de compartilhar seu aniversário com um de seus 253 conhecidos. No entanto, esse ainda é um problema de aniversário, e não um problema de companheiro de data de nascimento. O problema de Agnes vai além. Para Agnes, a coincidência envolve tanto seu aniversário como seu ano de nascimento. Em consideração à simplicidade, assumamos que a maioria de seus conhecidos típicos apresenta uma diferença de dez anos, para mais ou para menos, em relação à sua idade; em outras palavras, ± 3.650 dias. Para ter uma chance maior do que 50% de se deparar com um de seus companheiros de data de nascimento, Agnes deve se deparar com mais de 5.105 conhecidos.[7] Podem parecer muitos encontros. Como mulher profissional ativa, ela, sem dúvida, encontra 5.105 conhecidos num período de cinco anos; menos que três pessoas por dia. No entanto, em consideração ao argumento, reduzamos as possibilidades. Se quisermos que ela tenha apenas uma chance de, digamos, 10%, o número encolhe para 770 encontros. Então, a questão se torna a seguinte: quantos de seus conhecidos distintos ela encontra num período de, digamos, cinco anos? Além disso, Agnes tem de se deparar com pelo menos 770 conhecidos *e* ter alguma sinal de que um deles compartilha uma data de nascimento.

Suponhamos que Agnes se depara com $N > 770$ pessoas distintas num período de cinco anos, e que, para algum subconjunto desses N encontros inesperados, o tópico da conversa conduz a informações a respeito de aniversários. A dificuldade de avaliar o problema completo não é o fato de existir uma pessoa em 770 que é seu companheiro de data de nascimento, mas, sim, o fato de ela descobrir isso inadvertidamente, tendo uma conversa que a levou ao conhecimento de que aquela pessoa é seu companheiro de data de nascimento. Quais são as chances disso acontecer? A dificuldade de dar uma resposta está em estimar a frequência pela qual ela entabula conversas a respeito de aniversários. Digamos que, em média, num período de dez anos, que, para cada 100 conversas que Agnes entabula, 1 delas se dirige para aniversários. Portanto, devemos multiplicar o número de conhecidos distintos por 100. Em outras palavras, para ter 1 chance de apenas 10% de tomar conhecimento que um conhecido é companheiro de data de nascimento, Agnes teria de se deparar com 77 mil conhecidos. Para ter uma chance maior do que 50% de encontrar apenas um companheiro de data de nascimento, ela teria de encontrar 510.500 de seus conhecidos. Contudo, Agnes revelou que isso aconteceu duas vezes com ela! Além disso, os dois encontros não ocorreram com conhecidos regulares, mas sim em encontros únicos. O primeiro foi com uma parteira que partejou sua filha; alguém que, como questão de rotina, teve de perguntar sua data de nascimento. O segundo encontro aconteceu doze anos depois, quando Agnes estava num táxi, no caminho para pegar seus pais no Aeroporto de Newark. Na conversa, ela contou ao motorista que seus pais estavam a visitando por causa de seu quinquagésimo aniversário. "Para aumentar o problema", ela escreveu posteriormente, "aqueles dois companheiros de data de nascimento eram ambos profissionais que eu jamais tinha encontrado antes, e não faziam necessariamente parte do grupo (pretendido grande) dos conhecidos propensos a ser mais próximos de mim em termos de idade."

Assim, sem dúvida, devemos concordar que seus dois encontros foram realmente surpreendentes.

O que se aplica a aniversários aplica-se aos dias de morte. Um caso real envolve três presidentes norte-americanos: John Adams, Thomas Jefferson e James Monroe. Todos morrerem em 4 de julho. Hum... John Adams e Thomas Jefferson morreram no mesmo ano, 1826. Isso parece estranho. No entanto, na época deles, o dia 4 de julho era um marco extremamente importante. Sabemos que mortes podem ser antecipadas ou retardadas, em horas ou dias, simplesmente pela vontade de uma pessoa viver ou morrer. Assim, talvez esses primeiros presidentes tenham esperado para morrer em 4 de julho, principalmente Adams e Jefferson, o qual resistiu até o quinquagésimo aniversário da assinatura da Declaração de Independência. Assim, há um elemento de causa nessa aleatoriedade. Sem coincidência.

Macaquices

O problema do macaco começou como uma questão de mecânica estatística da teoria das probabilidades, aparecendo primeiro em "Mécanique Statistique et Irréversibilité", artigo de Émile Borel, publicado em 1913. É a teoria que diz que, se um macaco digitar aleatoriamente num teclado, ele escreverá as obras completas de Shakespeare, se dado tempo suficiente. Claro que *tempo suficiente* significa tempo infinito. Sir Arthur Eddington, físico inglês, foi mais generoso com a aleatoriedade ao dar uma palestra na Gifford Lectures, na Universidade de Edimburgo, em 1927: "Se eu deixar meus dedos vagarem à toa sobre as teclas de uma máquina de escrever, 'talvez' aconteça que o que foi datilografado crie uma sentença inteligível. Se um exército de macacos martelar teclados de máquinas de escrever, talvez escrevam todos os livros existentes no Museu Britânico."[8]

Por enquanto, não compliquemos. Não esperemos os livros do Museu Britânico, nem as obras completas de Shakespeare, e nem mesmo um soneto. Fiquemos apenas no seguinte verso: *Shall I compare thee to a summer's day?* [Te compararei a um dia de verão?]. Se um macaco for digitar as letras *s-h-a-l-l-I-c-o-m-p-a-r-e t-h-e-e-t-o-a-s-u-m-m-e-r-'-s-d-a-y*, nessa ordem, certamente consideraríamos uma grande coincidência. Qual é a chance disso? Realmente, muito reduzida! Um macaco tem uma chance contra de 25 em 1 de digitar a primeira letra de *shall*, assumindo que o teclado se limita a apenas as letras minúsculas do inglês. E como a digitação de uma tecla é relativamente independente da de quaisquer outras,[9] a probabilidade de digitar as cinco primeiras letras são de apenas 26 × 26 × 26 × 26 × 26 = 11.881.376, ou chances contra de 11.881.375 em 1. No entanto, essa é a possibilidade de conseguir isso na primeira tentativa. O coitado deve ter mais do que uma chance. Muito mais. Considere a probabilidade de ele não conseguir isso na primeira tentativa. Isso seria igual a $1 - (1/26)^5 \approx 0{,}99999991583$; ou seja, nas proximidades da certeza. Após N tentativas, a probabilidade de o macaco não digitar as teclas é de $(1 - (1/26)^5)^N$.

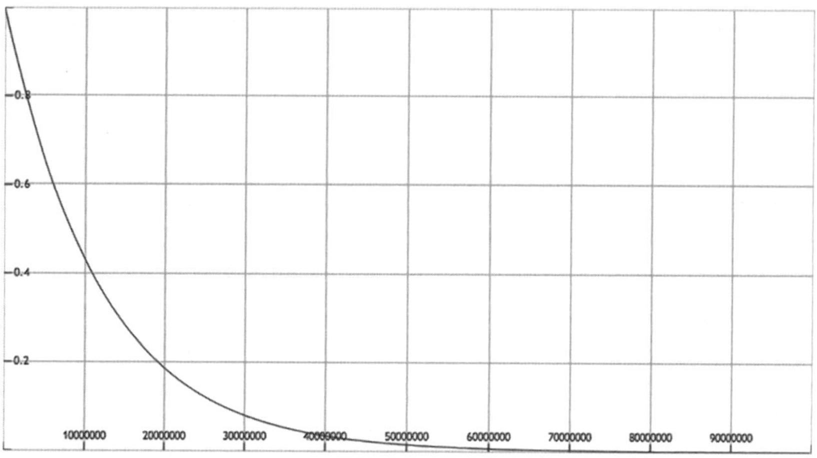

Figura 8.3 – Gráfico das probabilidades de não digitação dos cinco caracteres especificados após aproximadamente *n* tentativas.

Em N = 8.235.542, o macaco teria uma chance maior do que 50% de digitar a primeira palavra do célebre soneto 18 de Shakespeare. A Figura 8.3[10] revela como a probabilidade de não digitar a palavra chegará perto de 0 após 50 milhões de tentativas, aproximadamente.

Aplique isso à proteção por senha. Isso revela que um programa de computador que verifica aleatoriamente letras consegue violar facilmente uma senha com cinco letras. Atualmente, mesmo uma unidade central de processamento relativamente lenta de um computador consegue realizar 50 milhões de tentativas em menos de dez segundos. No entanto, se você colocasse apenas mais uma letra, a chance maior do que 50% de violar uma senha ocorreria após 214,124,096 tentativas. Para cada caractere adicional (incluindo mistura de letras, números e símbolos, ou mudança envolvendo maiúsculas ou minúsculas), a dificuldade aumenta exponencialmente. Veja a Figura 8.4.

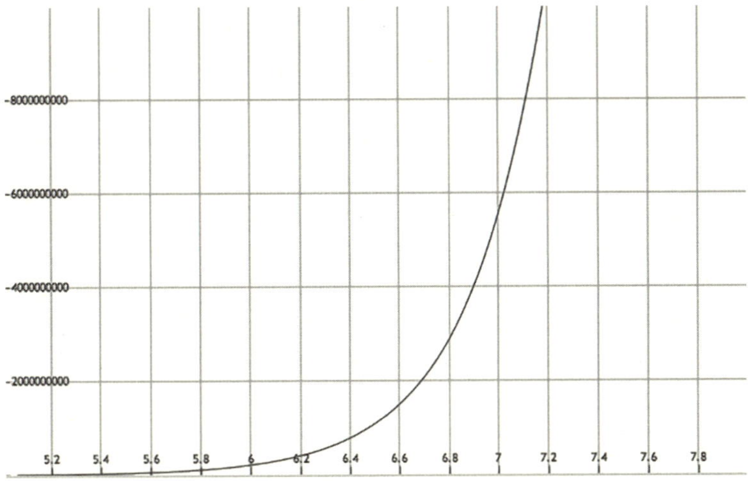

Figura 8.4 – Gráfico mostrando a quantidade de tentativas para ter uma chance de 50% de violar aleatoriamente um código com *n* caracteres.

A probabilidade de digitação aleatória dos seis primeiros dígitos de π num teclado é de 0,000001, ou possibilidade de 1 em 1 milhão. Haveria uma chance maior do que 50% de um em mil macacos digitarem os seis primeiros dígitos de π, se fossem dadas mil possibilidades para cada macaco. Afinal, talvez π não seja um número especial. Naturalmente, estamos só considerando os seis primeiros dígitos de π. Consideremos os cem primeiros dígitos de π. Com cada grão de areia e cada estrela do universo escolhendo dígitos aleatoriamente até o fim dos tempos, a probabilidade de escrever os cem primeiros dígitos de π não seria tirada de quase zero. Em 1913, Émile Borel sugeriu que imaginássemos 1 milhão de macacos, martelando aleatoriamente as teclas de uma máquina de escrever durante dez horas por dia.[11]

Os contramestres analfabetos juntariam as folhas enegrecidas e as encadernariam em volumes. No fim de um ano, esses volumes conteriam cópias exatas dos livros de qualquer natureza e de todas as línguas preservadas nas bibliotecas mais ricas do mundo.

E sir James Jeans escreveu em seu livro *The Mysterious Universe*:[12]

Acho que foi Huxley que disse que seis macacos, postos para datilografar de forma não inteligente em máquinas de escrever durante milhões e milhões de anos, na certa escreveriam todos os livros existentes no Museu Britânico. Se examinássemos a última página que um macaco específico datilografou, e descobríssemos que ele teve a sorte de, em sua digitação cega, datilografar um soneto de Shakespeare, consideraríamos com razão a ocorrência como um acidente notável, mas, se examinássemos todos os milhões de páginas que os macacos datilografaram em milhões de anos, poderíamos ter certeza de achar um soneto de Shakespeare em algum lugar nelas; o produto do jogo cego da sorte. De mesma maneira, milhões e milhões de estrelas vagando cegamente através do espaço durante milhões e milhões de anos devem se deparar com todo tipo de acidentes, e, assim, na certa produzem um certo número limitado de sistemas planetários com o tempo. No entanto, a quantidade desses sistemas deve ser muito pequena em comparação com a quantidade total de estrelas no céu.

Os macacos virtuais simularam a questão do macaco. Em 4 de agosto de 2004, computadores atuaram como macacos virtuais digitando aleatoriamente durante 42 quintilhões de anos-macaco antes de digitarem "VALENTINE. Cease toIdor:eFLP0FRjWK78aXzVOwm)-';8t . . . ,".[13] Espantosamente, os primeiros dezenove caracteres dessa linguagem inarticulada são exatamente os primeiros dezenove caracteres do primeiro verso da peça *Os dois cavalheiros de Verona*, de Shakespeare.

VALENTINE: Cease to persuade, my loving Proteus.[*]

Fiquei curioso a respeito das nove letras maiúsculas antes de considerar que o caps lock do teclado pode ter sido ativado por um

---

* Valentino: Deixe de me persuadir, querido Proteu

curto tempo "coincidente". Embora a verdade é que 42 quintilhões seja um número extremamente grande, mas o fato de que foi necessário todo esse tempo para se alcançar esses dezenove caracteres, nessa ordem específica, não significa que isso não possa ter acontecido muito antes. É bem verdade que seria uma idiossincrasia inimaginável isso ter acontecido na primeira tentativa, mas não seria impossível. O inesperado pode acontecer, e acontece. Considere o DNA correspondente. No mundo, existem dois indivíduos sem qualquer parentesco que possuem DNA totalmente correspondente? A possibilidade é inimaginavelmente pequena, mas não impossível. De fato, a possibilidade é de apenas 1 em 1 bilhão.

Parte III

A análise

Encontros

Há aqueles encontros
que todos parecem compartilhar,
oportunidades que
não sabíamos que estavam ali
com ligações muito fortes
que nos revelam quem somos,
do por que estamos aqui,
e de quem está perto de nós
nesses vastos cosmos
de súbitas surpresas.
– J.M.

As histórias da parte I, que representam categorias consistentes e razoavelmente distintas, são analisadas aqui:

História 1: A história de Anthony Hopkins (*Categoria: Inesperadamente achar o que é procurado*)
História 2: A história de Anne Parrish (*Categoria: Objetos esquecidos aparecem inesperadamente do passado em lugares distantes*)
História 3: A história da cadeira de balanço (*Categoria: Momento perfeito e encontro inesperado não humano*)
História 4: A história do escaravelho de ouro (*Categoria: Coincidências oníricas num tempo e espaço relativamente generosos*)

História 5: A história de Francesco e Manuela (*Categoria: Encontros humanos inesperados, em momentos precisos*)

História 6: A história do motorista de táxi (*Categoria: Encontros inesperados de pessoas em momentos e espaços generosos*)

História 7: A história do *plum pudding* (*Categoria: Encontros repetidos e associações com objetos raros*)

História 8: A história do manuscrito levado pelo vento (*Categoria: Coincidências ditadas por causas naturais*)

História 9: Sonhos de Abraham Lincoln (*Categoria: Sonhos proféticos*)

História 10: Prêmios de loteria de Joan Ginther (*Categoria: Jogo espetacularmente bom ou mau*)

Capítulo 9

Enormidade do mundo

Sabemos que o mundo é grande, mas não conseguimos imaginar sua verdadeira enormidade. Quando minha filha Catherine tinha apenas 8 anos, eu brincava com ela para lhe dar alguma impressão da vastidão do mundo e uma noção das escalas numéricas. Certa vez, ela espirrou, e, assim, pedi-lhe para estimar quantas pessoas no mundo tinham acabado de espirrar. Catherine estimou um número de quase duzentas pessoas; não foi um palpite ruim para uma menina de 8 anos. Para seu espanto, estimei um número de dezenas de milhares, provavelmente muito menor do que o número real de diversos dígitos, dado que, atualmente, o tamanho da população humana passa de 7 bilhões de pessoas. Hoje, uma questão mais difícil seria aquela envolvendo as leituras de códigos de barras, aqueles sons intermitentes que escutamos continuamente nos caixas dos supermercados. Grosso modo, dê um palpite a respeito da quantidade de leituras de códigos de barras que aconteceram durante o tempo que você levou para ler essa frase. Minha suposição é que você tenha subestimado bastante. No mundo todo, a quantidade de leituras supera 5 bilhões por dia. Significa que, no tempo de leitura dessa frase, quase 100 mil itens foram comprados, não incluindo as compras pela internet. Agora, isso pode nos ajudar a nos aproximarmos de alguma noção bruta do tamanho do mundo. No entanto, até a quantidade de leituras de códigos de barras por segundo é pequena em comparação com o que acontece em nível mais molecular.

Nada é 100% certo nesse mundo real de átomos e moléculas. Portanto, devemos ter uma maneira de determinar não o que é certo, mas sim o que é provável. Podemos aceitar, sem sombra de dúvida, que a Terra vai girar e o Sol vai nascer amanhã, mas a maioria dos fenômenos esperados do mundo é aceita pela experiência humana coletiva. A matemática teórica de um par de dados idealizado pode prever o comportamento dos dados reais arremessados por uma pessoa real. Os dados são cubos brancos imperfeitos, com bordas arredondadas, indubitavelmente fabricados de tal maneira que os pontos negros entalhados não perturbem sua simetria rotacional. Os fabricantes devem levar em consideração os seis pequenos entalhes dos seis pontos negros destituídos de material, que podem fazer o cubo se inclinar na direção do um.[1] Os dados de cassino são fabricados sob tolerâncias muito regulamentadas. A média esperada é muito mais próxima de 3,5 do que os dados comuns de jogos de tabuleiro.

A lei dos grandes números é um ardil impressionante, que liga a teoria matemática e os fenômenos físicos. É responsável por muitas maravilhas de nosso fantástico universo, e também das maneiras entrópicas da natureza de trazer desordem de matéria e energia à uniformidade inerte. Até sugere que muitos dos vastos resultados do universo são meramente resultados de sucessões colossais de dados arremessados e caras ou coroas.

É fácil acreditarmos que os eventos ocorrem juntos no tempo e no espaço, não por acaso aleatório, mas por algum tipo de destino organizado. É verdade? Considere o caso de como a tinta se dispersa na água. Uma única gota de tinta numa garrafa de água modificará uniformemente a cor de toda a água da garrafa. A tinta está destinada a se neutralizar uniformemente na garrafa, ou a cor muda uniformemente só por acaso? Suponhamos que a cor é azul. No começo, você verá uma gota de tinta azul em forma de lágrima descendo do conta-gotas. Se a gota não respingar na água no contato, você verá uma esfera azul descer, metamorfoseando-se em formas fascinantes. A gota se converterá num toro. Esse toro se estenderá e se tornará um toro quadrado, com esferas em seus cantos. As esferas se dividirão e virarão quatro toros. Esses quatro toros repetirão o processo, convertendo-se em 16 toros. A formação e divisão continuarão até as formas colidirem contra uma parede ou atingirem o fundo da garrafa e se desmancharem. A física prevê isso maravilhosamente, considerando todas as forças nas esferas e nos toros. Assim, a tinta colorida possui um destino previsível, ordenado e organizado pela física (isto é, a tensão superficial da coloração, o relacionamento pressão/flutuação entre os dois meios, os vetores de flutuação empurrando para cima, e as velocidades das moléculas) e pela matemática das formas. No entanto, quando essas formas colidem contra as paredes, algo novo assume o comando. A tensão superficial fica comprometida, as ligações covalentes são abaladas, a simetria é quebrada, e um elemento aleatório é introduzido. Nesse momento, há turbulência entre os dois líquidos, que criam uma nova morfose, uma com uma possibilidade infinitamente pequena de recuperar alguma simetria. É uma difusão de moléculas, esticando as ligações do líquido em direções aparentemente aleatórias.

O que acontece se a gota criar um pequeno respingo? Nesse caso, você verá uma esfera descer lentamente e se dispersar em formas magníficas, como cirros numa brisa. Em minutos, dependendo da profundidade, a água ficará uniformemente azul; uma difusão de tinta sem nenhuma forma.[2] Embora haja uma possibilidade extremamente pequena de que a gota possa retornar à forma original, essa possibilidade é tão infinitesimalmente pequena que podemos ignorá-la. Ninguém jamais relatou tê-la visto acontecer. A probabilidade dessa coincidência improvável seria um número tão pequeno que a quantidade de zeros depois de seu decimal seria tão grande quanto a quantidade de grãos de areia no planeta. No entanto, isso não significa que não possa acontecer. Como modelo, o fenômeno distingue a direção para frente do tempo. A gota em forma de lágrima estava no passado e a água uniformemente azul está no presente.

O que realmente aconteceu na garrafa para a água passar de transparente para azul? Se consideramos a questão ao nível molecular, nós nos damos conta que cada molécula de tinta azul não está simplesmente vagando de forma incerta entre moléculas de água. Há ligações que mantêm as moléculas vinculadas, mas, independentemente da direção tomada por elas, estas se deslocam em algum movimento ordenado, disfarçando-se como aleatório.

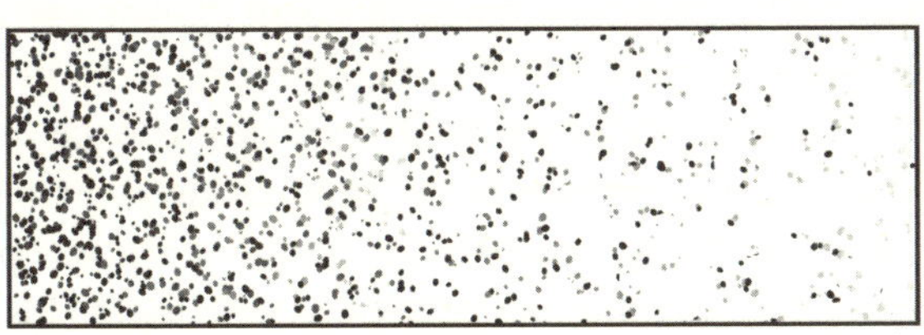

Figura 9.1 – Difusão de partículas em água fria.

O que aconteceria se as moléculas tivessem ligações mais frouxas? Para responder, mudamos a experiência. Em vez de tinta, usamos grãos de café com moagem fina. Ponha uma pequena quantidade de grãos de café com moagem fina no lado esquerdo de um recipiente retangular de água fria. A Figura 9.1 é uma representação esquemática do que acontecerá numa escala quase microscópica. Os pontos indicam a concentração de borra de café diminuindo da esquerda para a direita. Espere alguns segundos para ver o que acontecerá. A densidade muda gradativamente da esquerda para a direita, de maior concentração para menor, até ficar uniformemente distribuída em todo o recipiente.

Você pode achar que existe alguma força que está incitando essa tendência de grãos a se mover da região mais cheia para a menos cheia. Não existe essa força. Os grãos não têm preferência quanto a onde devem ir. Nesse sistema, cada grão é independente de todos os outros. Cada grão está sendo golpeado pelo impacto com as moléculas de água e, portanto, lançado numa direção inteiramente imprevisível. A trajetória de qualquer grão é determinada aleatoriamente, ou pelo menos tão aleatória quanto qualquer coisa da vida real possa ser. Para entender o que está acontecendo, trace uma linha imaginária através do recipiente, dividindo os lados de alta e baixa densidade, e pergunte o quão provável um grão sobre a linha imaginária se moverá para a direita. A resposta é que ele tem possibilidade igual de se mover tanto para a direita quanto para a esquerda. Uma maior quantidade de grãos se moverá da esquerda para a direita, do que da direita para a esquerda, simplesmente porque existem mais grãos do lado esquerdo da linha imaginária do que no lado direito. Assim, a difusão rumo à uniformidade ocorre meramente porque há uma possibilidade igual de movimentos das moléculas em qualquer direção. É o que acontece na tábua de Galton (veja a Figura 5.3).

A segunda lei da termodinâmica diz que podemos realizar o mesmo jogo com gases. Pegue dois recipientes, um com gás sob alguma pressão, e outro vazio. Conecte os dois recipientes por meio de um tubo que deixa o gás se deslocar livremente entre eles. Rapidamente, o gás se propagará, até os dois recipientes terem metade da pressão inicial. Essa equalização da pressão é um exemplo de uma tendência universal das partículas se distribuírem na maior quantidade possível de maneiras. Eis a surpresa: as moléculas do gás vão ricochetear ao acaso umas nas outras, como bolhas num bule de água fervendo, de modo que, ao longo do tempo, cada molécula se verá, por um tempo, de volta ao recipiente em que começou. Henri Poincaré demonstrou isso num teorema geral a respeito de sistemas dinâmicos.

Imagine o que aconteceria se você colocasse diversas pulgas no centro de um tabuleiro de damas. Muito rapidamente, as pulgas começariam a saltar em todas as direções, para ocupar o tabuleiro. Como os grãos de café com moagem fina naquele recipiente de água fria, as pulgas estão saltando sem nenhuma direção predeterminada. Uma pulga não está saltando para ter mais espaço para si, pois mesmo se ela tivesse muito espaço, pularia de novo numa nova direção aleatória. As pulgas se espalham por meio de seus saltos aleatórios. Elas voltarão alguma vez aos seus lugares originais se continuarem a saltar? Talvez não; porém, considere a seguinte experiência mental: imagine dois recipientes. Um, etiquetado A, contém cem bolas, cada uma etiquetada singularmente com os números de 1 a 100. O outro, etiquetado B, não contém nada. Também imagine um cesto de fichas numeradas singularmente de 1 a 100. Ao acaso, pegue uma ficha e leia seu número, *N*. Pegue a bola numerada *N* do recipiente A e a coloque no recipiente B. Recoloque a ficha no cesto e repita o processo. Cada vez que a ficha *N* é pega, transfira a bola etiquetada *N* do recipiente onde ela está para o outro recipiente. Você pode supor o que acontecerá? Sim, a quantidade de bolas no recipiente A diminuirá exponencialmente até os dois recipientes terem aproximadamente a mesma quantidade de bolas. Porém, à medida que a quantidade de bolas no recipiente A diminui, a possibilidade de pegar uma ficha com um número do recipiente A também diminui. De fato, a taxa de decréscimo é proporcional à quantidade de bolas que restam no recipiente A. Agora, eu repito a pergunta: você consegue supor o que acontecerá num período longo? Pode parecer contrário à intuição, até surpreendente, mas, com absoluta certeza, todas as bolas acabarão voltando ao recipiente A, embora possa levar um tempo consideravelmente longo para isso acontecer. O teorema geral de Poincaré a respeito de sistemas dinâmicos prevê isso.[3] Sugere, assim como Platão e Bernoulli aludiram, uma apocatástase, "que após o desenrolar de um sem número de séculos, tudo retornaria à sua condição original".[4] O falecido sir James Jeans, renomado físico, que foi condecorado cavaleiro por suas contribuições para a astronomia e popularização da física, costumava gracejar que, qualquer pessoa respirando hoje, está respirando as moléculas das respirações agonizantes de Júlio César.

Esses exemplos funcionam porque estamos lidando com uma grande quantidade de objetos. Quando os números são muito grandes, como as moléculas numa gota de tinta, ou as populações humanas que se espalham sobre a vastidão desse planeta, temos uma maior possibilidade de calcular o elemento aleatório, e de saber o que pode acontecer com um indivíduo na multidão.

Inúmeros fenômenos complexos da natureza podem ser explicados como tirando cara ou coroa ou escolhendo ao acaso um número uma imensa quantidade de vezes. E a partir desse imenso volume de números aleatórios, a possibilidade cria um mundo dinâmico sempre em evolução, um mundo onde a tinta colorida se difunde na água sem nenhum propósito fundamental, onde o gás compartilha a pressão com um vácuo para satisfazer as leis da termodinâmica, onde pulgas saltam sem objetivo, mas se espalham sobre tabuleiros de damas, e onde o DNA replica-se erroneamente sem um plano, e, assim, fortuitamente, cria seres humanos distintos.

Variáveis ocultas

As variáveis ocultas nos enganam, fazendo-nos pensar que as causas não estão ali, ou que são muito difíceis de descobrir. A enormidade do mundo desempenha um papel, junto com todos os fios invisíveis que ligam suas partes. Pensamos em termos locais, sem levar em consideração as diversas interações entre as partes que compõem nosso mundo, desde partículas subatômicas até galáxias.

Às vezes, duas variáveis totalmente independentes parecem ter alguma ligação estatística por meio de uma terceira variável. Quando isso acontece, vemos uma correlação ilusória com respeito à maneira pela qual enxergamos os dados ou à maneira pela qual eles são apresentados. Se coletássemos as notas e os comprimentos do cabelo de alunos de uma turma de matemática, provavelmente teríamos uma correlação direta entre comprimentos de cabelo e notas. Aqueles com cabelos compridos tendem a tirar boas notas. Se não considerássemos uma terceira variável, poderíamos concluir dessa correlação que os alunos deveriam deixar seus cabelos crescerem para tirarem uma boa nota em matemática. Não somos tão ingênuos de omitir uma terceira variável; por exemplo, idade ou gênero. O comprimento do cabelo pode ter se distorcido em relação aos alunos mais velhos, que por acaso tinham cabelos mais compridos, ou em relação às mulheres, que tinham cabelos mais compridos do que os homens.[5] Outro exemplo seria uma correlação entre renda numa fase posterior da vida e notas na faculdade. Podemos nos confundir com isso, concluindo incorretamente que a renda numa fase posterior da vida depende das notas da faculdade de um indivíduo, quando, na realidade, a variável oculta é a quantidade de trabalho duro e o tempo que um estudante se dispôs a experimentar.[6]

As variáveis ocultas são abundantes na correlação de dados estatísticos. Se não descobrirmos essas variáveis, somos capazes de acreditar erradamente em todo tipo de absurdo, como, por exemplo: para um aluno tirar boas notas na faculdade, ele terá de começar a fumar, pois "os fumantes tiram notas maiores na faculdade do que os não fumantes". Ou considere um exemplo mais sério: até muito recentemente, nas Novas Hébridas, no Pacífico Sul, acreditava-se que a presença de piolhos no corpo contribuía para a saúde. Por séculos, os idosos casualmente repararam que os nativos saudáveis tinham piolhos e os nativos doentes frequentemente não tinham. Então, concluíram que piolhos contribuíam para a saúde. Depois de um estudo mais cuidadoso e controlado, verificou-se que quase todos os nativos tinham piolhos, na maior parte do tempo. Os piolhos também são capazes de provocar uma febre que resulta em sua autodestruição justamente por causa dessa febre. A confusão acontecia devido ao fato de que as pessoas não saudáveis eram as únicas que tinham febre e estavam livres dos piolhos. "Nesse caso, você tem a lei de causa e efeito distorcida, invertida e misturada, no todo e de uma maneira capaz de confundir", Darrell Huff escreveu em seu livro *Como mentir com estatísticas,* que agora tem mais de sessenta anos e ainda é um best-seller.[7] A mídia está repleta de todos os tipos de opinião sobre o que devemos acreditar a partir de estatísticas: pesticidas em terras cultivadas causam autismo; linhas de transmissão de energia causam tumores cerebrais; chá de raiz-forte é um relaxante muscular; 9 entre 10 médicos concordam que cereais no café da manhã contribuem para a saúde; crianças com braços mais longos raciocinam melhor do que as com braços mais curtos; e uma caminhada num bosque de pinheiros uma vez por semana reduz o cortisol (hormônio do estresse), a pressão arterial e a frequência cardíaca. As mulheres devem consumir estrogênio para diminuir a possibilidade de infarto. A terapia de reposição de estrogênio aumenta a possibilidade de infarto nas mulheres que já tinham cardiopatias. A terapia de reposição de estrogênio pode proteger as mulheres contra a osteoporose e talvez do câncer colorretal, mas também é capaz de aumentar os riscos de cardiopatias, derrames, trombos, câncer de mama e demência.[8]

Há o caso clássico do erro crasso de sir Ronald Aylmer Fisher. Para muitos biocientistas e estatísticos, Fisher é o pai da estatística moderna e do delineamento de experimentos. Ele nasceu em 1890, num subúrbio de Londres, e morreu de câncer colorretal em 1962, em Adelaide, na Austrália. Richard Dawkins considerou Fisher o maior biólogo desde Darwin.

Encantador e cordial, Fisher tinha devoção apaixonada à investigação científica, sendo um pensador de amplos interesses e um interlocutor estimulante, mas também, ocasionalmente, exibia um mau humor irreprimível em relação àqueles que ele considerava culpados de cometer, causar ou disseminar erros. Seus textos eram obscuros, assim como suas aulas: "Fisher era muito difícil para o estudante comum; suas turmas rapidamente definhavam, até só restarem dois ou três alunos capazes de aguentar o ritmo, permanecendo como discípulos fascinados."[9]

No início da carreira de Fisher como estatístico, ele trabalhou numa estação agrícola experimental, lugar que, depois, tornou-se renomado mundialmente pelo desenvolvimento do delineamento de experimentos. Ele desenvolveu o que hoje se denomina análise de variância, estabeleceu um princípio de escolha aleatória e expôs a importância da replicação.[10] Ele projetou experimentos para testar a coincidência por meio de técnicas quantitativas, que envolveu a compatibilização de cartas de um baralho comum de 52 cartas para o estudo sistemático da percepção extrassensorial.[11] É um método prático que requer um sistema de pontuação baseado em permutações do baralho que se distribuem normalmente.

É difícil de acreditar que um gênio da biologia como Fisher possa ter incentivado o trabalho em eugenia, ou seja, a equivocada noção popular existente antes da década de 1930 de que, a menos que os governos estimulassem as taxas de natalidade das famílias com genética "desejada" e desestimulassem a das famílias com genética "inferior", o estoque genético contribuiria para o declínio da civilização.

Em agosto de 1958, Fisher escreveu na revista *Nature* que "as curiosas associações do câncer de pulmão com o tabagismo, nas mentes de alguns de nós, não se prestam facilmente à conclusão simples de que os produtos da combustão que alcançam a superfície dos brônquios induzem, ainda que após um longo intervalo, o desenvolvimento do câncer. Se, por exemplo, fosse possível inferir que fumar cigarros é a causa dessa doença, seria igualmente possível inferir, em bases similares, que aspirar a fumaça do cigarro era uma prática de considerável valor profilático na prevenção da doença, pois a prática de aspiração é mais rara entre os pacientes com câncer de pulmão do que em relação aos outros".[12] Fisher considerava suposições não confirmadas os argumentos que ligavam o câncer de pulmão com o tabagismo.[13]

> O assunto é complicado, e mencionei numa fase inicial que a distinção lógica era entre A causando B, B causando A, outra coisa causando ambos. Então, é possível que o câncer de pulmão – quer dizer, a condição pré-cancerosa, que deve existir e se sabe que existe por anos naqueles que vão apresentar câncer de pulmão evidente – seja uma das causas do tabagismo? Não acho que isso possa ser excluído. Não acho que sabemos o suficiente para dizer que isso é a causa.[14]

O trabalho de Fisher tinha imperfeições. Dada sua índole de mau humor irreprimível contra qualquer pessoa que ele achava que cometeu um erro na análise de dados ou no julgamento, só podemos imaginar o quão furioso ele teria ficado com alguém que tivesse cometido o erro que ele cometera, tirando conclusões prematuras e não examinando todos os dados disponíveis. Ele não reconheceu os próprios conflitos pessoais e profissionais: ele era um fumante que prestava serviços para a indústria do tabaco.

Infelizmente, os resultados de inúmeros estudos na área da saúde geram especulações a respeito de causas e prevenções que acabam muito rapidamente na mídia popular. Recebemos recomendações de consumir mais peixe e menos gorduras trans, e de não morar perto de campos eletromagnéticos. Essas recomendações de saúde pública podem levar a outros perigos. Outrora, disseram que, para diminuirmos a possibilidade de cardiopatias, deveríamos consumir vitaminas C e E e betacarotenos como antioxidantes. Para prevenir o câncer colorretal, deveríamos consumir mais fibras. Outrora, disseram que deveríamos ter uma dieta com baixo teor de fibras, e, algumas décadas depois, disseram que deveríamos ter uma dieta rica em fibras. Outros estudos observacionais em grande escala não conseguiram confirmar essas teorias. Só porque um ensaio clínico envolvendo dezenas de milhares de participantes em testes e estudos controlados confirma uma hipótese, não significa que um evento causa outro. Tudo o que esse ensaio pode fazer é fornecer uma possibilidade de que a hipótese está correta. No máximo, só fornece evidência circunstancial de que um evento causa outro. Sem conhecermos a causa com certeza, não podemos fazer recomendações específicas. De fato, se a causa estiver incorreta, as recomendações poderão fazer mais mal do que bem.[15]

Não que esses ensaios clínicos não nos digam algo. Pelo contrário. Eles nos dizem muito. Por exemplo, sabemos definitivamente que o tabagismo possui alguma associação causal com câncer de pulmão e doenças cardiovasculares, ainda que não tenhamos conhecimento da causa real. O tabagismo é uma das causas contributivas. Sabemos disso a partir do aumento coincidente da incidência de câncer em mulheres durante a Segunda Guerra Mundial, quando as norte-americanas ingressaram no mercado de trabalho e começaram a fumar pela primeira vez. Temos alguma indicação de que a dieta e o estilo de vida norte-americanos apresentam ligação com o câncer de mama a partir do estudo de algumas japonesas e algumas norte-americanas e depois, de duas gerações de nipo-americanas, que acabaram com os mesmos índices de incidência de câncer de mama das mulheres norte-americanas. O problema é que a causa não é uma ideia simples. Frequentemente, há circunstâncias desconcertantes, que nos fazem pensar que uma coisa é causa de outra: quando A causa B indiretamente porque A causa C, causando por acaso, B.

O problema com ensaios clínicos é que eles não são tão aleatórios quanto deveriam ser. Ninguém nunca me pediu para participar de um ensaio clínico. Assim, devemos querer saber: quem são esses participantes? São pessoas que se sentem motivadas a se oferecer voluntariamente. Muitas são remuneradas, e muitas são remuneradas por fontes que talvez tenham alguma ligação com os interesses dos financiadores. Portanto, os participantes pertencem a um grupo muito especial, e não a um grupo aleatório. As pessoas envolvidas em ensaios clínicos são aquelas que seriam mais fiéis a obedecer a recomendações que serão autobenéficas. Tendem a ser mais magras e ter menos riscos à saúde. Podemos ajustar as estatísticas considerando o efeito das condições socioeconômicas, mas isso nem sempre funciona bem.[16] Além disso, os resultados desses estudos são temporários, esperando por outra década ou duas antes que o próximo estudo apareça para questionar o anterior. Em outras palavras, as tendenciosidades do estudo clínico são muito difíceis de evitar.

Por outro lado, se o público escuta os conselhos de saúde vindos dos estudos clínicos, aprendemos algo. Se estivéssemos errados na acusação do tabagismo como causa do câncer de pulmão e da doença cardiovascular, não deveríamos ter visto a redução drástica do câncer de pulmão e da doença cardiovascular observada nas últimas cinco décadas, durante as quais a população fumante nos Estados Unidos declinou em 57%.

A história nos revela que aquilo que acreditamos agora pode não ser acreditável daqui a cem anos. Há mais coisas lá fora do que apenas as que vemos, que medimos, e que pensamos que sabemos. Nossas crenças científicas são certezas do momento. Em seu livro *The Half-Life of Facts* [A vida curta dos fatos], Samuel Arbesman nos revela que "acumulamos conhecimento científico com grande regularidade, com o resultado de que os fatos são subvertidos em intervalos regulares, em nossas buscas para entender melhor o mundo".[17] As crenças, independentemente de quão fortes possam ser hoje, não são as últimas palavras. São apenas hipóteses de trabalho. Há uma pitada de aleatoriedade na receita original do universo, e nossas ferramentas de observação são limitadas. Assim, não somos capazes de saber tudo.

Sim, somos limitados. Na natureza, os eventos dependem de tantas variáveis que a medição exata é muitas vezes impossível; e isso ignorando o problema intrigante do princípio da incerteza. Se um evento simples, como o arremesso de uma moeda, depende de inúmeros acontecimentos imperceptíveis num mundo moderadamente caótico de elétrons que colidem por acidente, imagine os incontáveis acontecimentos responsáveis por um fenômeno tão complexo como o câncer. No entanto, a descoberta da causa do câncer não é a mesma coisa de ter uma suposição muito boa do que é uma suspeita. Alguns cientistas atribuíram o aumento da incidência do câncer do pulmão em países industrializados depois da Segunda Guerra Mundial a fatores ocupacionais e a novos produtos industriais. O asfalto era suspeito por causa da proliferação de construção de estradas nos Estados Unidos e na Europa. No entanto, no fim da década de 1950, com tantos estudos ligando o tabagismo e o câncer de pulmão, ficou claro que o tabagismo era um fator considerável. O trabalho da estatística não é encontrar causas, mas, sim, encontrar suspeitos. Diversas relações naturais que não podem ser explicadas por leis ou medidas por observações podem ser ligadas por medições estatísticas.

Remontando ao século V a.C, Hipócrates escreveu a respeito de um extrato em pó da casca da árvore que alivia as dores de cabeça e remedia as febres. Era a aspirina. A Bayer, laboratório farmacêutico alemão, produz a aspirina em forma de comprimido desde o século XIX. No entanto, até 1971, ninguém sabia como ela funcionava, quando John Robert Vane, farmacologista britânico, revelou que a aspirina suprimia a produção de certos compostos moleculares reguladores da contração e do relaxamento do tecido muscular. Desde o século XVI, aproximadamente, a morfina era utilizada como analgésico, mas antes de 2003 ninguém sabia que ela ocorre naturalmente no organismo humano. Deveríamos pensar a respeito de todas essas boas práticas que adotamos antes de sabermos por que as adotamos. Muito antes de alguém ter conhecimento sobre as bactérias, as pessoas lavavam as mãos antes de comer. Atualmente, é possível que lavemos com muita frequência, até com sabão antibacteriano, que neutraliza as bactérias benéficas. Como podíamos saber que algumas bactérias beneficiam a nossa saúde?

A ciência gosta de saber as ligações diretas entre causas e efeitos, mas não requer que nós saibamos que existem essas ligações. Os cientistas podem desconfiar da correlação entre dois fenômenos complexos. O problema real é que as pessoas tendem naturalmente a fazer ligações onde não há nenhuma, e também tendem a ignorar ligações que são muito complexas de se prever. Enxergamos coincidências como eventos que são misteriosamente predestinados por algum plano profundamente significativo. Isso pode ser verdade, como pode não ser. Num mundo complexo de fenômenos interligados, algumas ligações são tão sutilmente acopladas por meio de longas cadeias de ligações indiretas que jamais conseguimos antever o efeito de uma sobre a outra.

Capítulo 10

As histórias do Capítulo 2 revisitadas

As coincidências são histórias notáveis, que despertam nossa atenção para a probabilidade. Ninguém duvida que essas histórias são muito raras, mas quão rara uma história deve ser para comprimir o mundo no tempo e no espaço? As histórias a seguir são raras de verdade, embora inevitavelmente propensas a acontecer.

História 1: A história de Anthony Hopkins

A história de Hopkins pode simplesmente ser uma de sincronicidade. Pense em quantos lugares *A garota de Petrovka* poderia ter estado. Pense em quantas pessoas poderiam ter pegado o livro antes de Hopkins vê-lo. Pense em por que Hopkins encontrou um livro com esse título e, além disso, o próprio exemplar que pertenceu a George Feifer. Então, considere a possibilidade de Hopkins sentar bem ao lado dele e não percebê-lo: uma versão próxima da história – talvez uma versão melhor – teria acontecido de qualquer maneira, mas Hopkins nunca teria tomado conhecimento dela, e jamais a teríamos escutado. Um motivo pelo qual a história é tão instigante é que envolve uma pessoa específica; além disso, uma celebridade. É, sob qualquer parâmetro, uma história espetacular, sobretudo porque sabemos quem é a pessoa com quem aconteceu. É uma história de coincidência espetacular? Temos alguma noção de que sim, mas de onde vem essa noção? Pode ser espetacular, mas que informação temos que a respalda? Não há números para nos dar uma impressão de possibilidade.

Sim, pode ser sincronicidade. No entanto, para esclarecer a diferença entre sincronicidade e plausibilidade matemática, consideremos alguns números: a quantidade de livros que são abandonados em estações ferroviárias, a quantidade de livrarias que existem no centro de Londres, e a quantidade de pessoas que se dirigem ao centro todos os dias em busca de um livro específico. A história aconteceu em 1976. Isso tem importância, pois naquele tempo não existia internet, nem Amazon, para tornar a busca por livros tão fácil. Naquela época, a coisa mais fácil que você podia fazer era telefonar para cada livraria, poupando o tempo de visitá-las fisicamente.

Para analisar a história de Hopkins, devemos levar em conta a vastidão da cidade de Londres. Durante a escrita deste livro, e na era da internet, existem 111 pequenas livrarias independentes em Londres. Para sobreviver, cada uma dessas lojas deve atrair, em média, pelo menos dez compradores por dia. Por uma estimativa conservadora, essas lojas devem vender coletivamente pelo menos mil livros por dia. Uma estimativa mais realista consideraria uma venda de cerca de 3 mil livros. Alguns pessoas entram para olhar sem compromisso, outras entram atrás de um livro específico que pretendem comprar, e ainda outras entram só para escapar da chuva ou para passar algum tempo livre. Digamos que apenas cem pessoas aparecem cada dia para comprar um livro específico com o título X.

Não é provável que qualquer uma dessas cem pessoas achará o livro que estão procurando sentando num banco numa estação de metrô. No entanto, nesse momento, aproveite a oportunidade de pensar em quantas pessoas deixam livros em espaços públicos por acidente e quantas pessoas abandonam os livros que terminaram de ler nos trens e nas estações ferroviárias antes da partida de seus trens.

Se o livro X tiver uma popularidade razoável no lançamento, venderá pelo menos mil exemplares no primeiro mês. O que acontece com esses exemplares? Alguns acabarão não lidos nas estantes das casas das pessoas. Outros serão vendidos para sebos, e ainda outros serão deixados em espaços públicos.

Meu palpite é de que *A garota de Petrovka* vendeu mais de 10 mil exemplares. Isso daria à lei dos grandes números a possibilidade de mostrar que o evento de Hopkins tinha uma possibilidade entre reduzida e razoável de acontecer, pelo menos de acontecer para alguém. Como se dá isso? Suponhamos que dez livros foram abandonados em espaços públicos de Londres: alguns em bancos de parques, outros em cafés, salas de espera, saguões de hotel etc.; uma estimativa bastante razoável. Faça com que *N* seja a quantidade de pessoas que vêm para Londres para procurar um desses livros. Essas *N* pessoas são mais propensas do que não de reparar em livros deixados sobre bancos públicos. Assim, a pergunta vira a seguinte: qual é a probabilidade *p* de que essa pessoa vai ver o livro que está procurando? Como obtemos *p*? Infelizmente, ao contrário de arremessar um dado ou de dar as cartas de um baralho, esse cenário não é facilmente receptivo ao cálculo desse *p*. Saber *p* exatamente é quase impossível.

No entanto, há uma maneira. Podemos criar um modelo computacional que simula as perambulações das pessoas perto e longe do que estão procurando. Não seria uma tarefa fácil, por causa das diversas variáveis ocultas que ligam os pensamentos de pessoas reais com suas experiências. No entanto, esse modelo daria uma aproximação numérica da probabilidade matemática *p*; um número que está – por enquanto – oculto de nossa compreensão. Uma maneira mais simples é criar um quadro mental que se vale de nossa noção intuitiva de como as pessoas se comportam quando perambulam pelas ruas da cidade quando procuram algo. Sim, isso faz pouco dos perigos dos sentimentos subjetivos tendenciosos, mas nos faz pensar a respeito do problema com mais profundidade.

Deixemos a história real, aquela envolvendo Anthony Hopkins e George Feifer, e obtenhamos alguma noção de quão provável alguém que vem ao centro de Londres para procurar um livro o encontra abandonado em algum lugar do espaço público. Essa é uma tarefa mais fácil. Se descobrirmos essa possibilidade, e ela acabar se revelando muito pequena, então ficaremos sabendo que a história real envolvendo Hopkins e Feifer é muito pouco provável. Assim, estaremos fazendo aquilo que os matemáticos muitas vezes fazem: impor limites superiores nos números que queremos descobrir; nesse caso, limites à probabilidade que a pessoa que procura um livro o achará. Também faremos outra coisa que os matemáticos muitas vezes fazem: simplificar o problema para esclarecer as questões, reconhecendo que o problema real, a ser tratado posteriormente, é muito mais complicado.

Londres é uma metrópole, com 60 mil ruas, mais de 3 mil pequenos parques e praças, 8 grandes parques reais, 111 livrarias e 276 estações de metrô. No entanto, se voltarmos por alguns momentos para a história de Hopkins, poderemos limitar a área a números mais manuseáveis. Hopkins afirmou que encontrou o livro numa estação de metrô perto da Hyde Park Square. Feifer confirmou que deu o livro a um amigo que o perdeu perto da Hyde Park Square. A estação de metrô mais próxima da Hyde Park Square é Marble Arch, que fica a meia hora de caminhada, quase em linha reta ao longo da Wigmore Street, da vizinhança do Museu Britânico, que, na época da história de Hopkins, era a maior região de Londres com livrarias. Faz sentido limitar a procura e as andanças a, digamos, um raio de três quilômetros do Museu Britânico. Nessa área, há quase mil ruas. No entanto, inúmeras são muito curtas, com pouquíssimas livrarias, e poucas pessoas em busca de um livro sairiam das ruas principais. Além disso, livros abandonados são mais propensos a estar em lugares mais movimentados, como estações de metrô e locais de lazer, como parques.

O cerne da história não é a respeito de Anthony Hopkins, e nem sobre *A garota de Petrovka*. Envolve, sim, a descoberta por alguém de um livro específico, num dia específico, num lugar extremamente inesperado.

Assim, imaginemos N pessoas entrando e saindo de livrarias, na procura desesperada pelos livros que vieram buscar. Limitemos suas caminhadas a um raio de três quilômetros do Museu Britânico. Além disso, suponhamos que dez livros foram deixados em espaços públicos dentro da área. Uma dessas N pessoas encontrará acidentalmente o livro específico que buscava entre os dez livros abandonados? Provavelmente não, se N for um número pequeno. Esse é um modelo de experimento mental muito rudimentar, mas não tão rudimentar quanto você possa pensar, pois as pessoas que procuram livros não estão pegando caminhos aleatórios em Londres. Elas estão mais propensas a localizar algum livro abandonado num lugar incomum. Agora, façamos com que N seja um número grande. Esperamos que, antes do fim das caminhadas de uma dia, $k \leq 10$ livros abandonados serão localizados e, portanto, deveremos ter uma taxa de sucesso aproximada de k/N. Em outras palavras, seriam k sucessos em N tentativas. Então, a lei fraca dos grandes números afirma que essa taxa de sucesso é uma aproximação muito boa de p quando N é bastante grande. Assim, a pergunta se torna a seguinte: que N é bastante grande? Sem dúvida, $N = 10.000$ nos daria uma possibilidade muito boa de que k seria maior do que zero. Ninguém esperaria que 10 mil pessoas perambulassem ao acaso pelas ruas de Londres durante um dia, procurando livros, ainda que a Grande Londres possua uma população superior a 8,6 milhões de habitantes. No entanto, se estendermos a limitação de tempo a um ano, e assumirmos que 100 pessoas estão procurando por dia, muitos como pessoas repetidas, então $N = 36.500$. Em dois anos, $N = 73.000$. Com essa aceitação mais liberal de N, deve existir perto de uma chance maior do que 50% de que uma dessas 73 mil pessoas encontre o livro que está procurando. Claro, por que só dois anos? Por que não dez? E por que só Londres? Poderíamos considerar todo os Estados Unidos, com suas 22,5 mil livrarias, ou o mundo inteiro. Essa maravilhosa lei dos grandes números nos ensina a não subestimarmos o tamanho do mundo.

Esse é um modelo criativo, mas não um que conta a história completa. As variáveis ocultas estão por toda parte. Mesmo pessoas na procura de livros específicos podem facilmente estar na vizinhança do livro procurado sem nunca vê-lo. Além disso, podemos perceber que N teria de ser enorme, muito mais do que 73.000, para que uma dessas N pessoas se depare com o livro que está procurando. Dessa maneira, sim, a possibilidade disso acontecer é, sem dúvida, muito menor do que qualquer k/N que imaginamos.

No entanto, a lei fraca dos grandes números revela que a diferença entre p e k/N será tão pequena quanto desejarmos, se N for bastante grande. Intuitivamente, podemos supor que, se $N = 73.000$ (equivalente a dois anos de pessoas que procuram livros), então k seria pelo menos 1, e, então, assumimos corajosamente que N é bastante grande para fazermos a suposição que $P[| k/N - p | <0,001] > 0,5$. Isso revela que há uma chance maior do que 50% que a possibilidade da descoberta do livro pela pessoa que o está procurando seja perto de 0,000014, o que dá chances contra de 71.427 em 1, muito próxima das chances contra de se obter um *straight flush* no pôquer.

Tudo o que isso significa é que o limite superior da probabilidade real não é terrivelmente baixo. A possibilidade da história real, de sua ocorrência para uma pessoa específica nomeada, está longe de ser pequena. Assim, embora sejamos deixados sem uma possibilidade numérica definida de que a história original seja fantasticamente rara, acabamos tendo alguma noção de que histórias como essa não são tão raras.

A grande questão não é que Hopkins encontrou um exemplar de *A garota de Petrovka*, mas sim que aconteceu por acaso de ser o exemplar de Feifer. Isso é a coincidência real, com um p incompreensivelmente pequeno. Exceto... Exceto pelo fato de Feifer ter perdido seu exemplar perto da área em que foi encontrado.

História 2: A história de Anne Parrish

A história de Anne Parrish é diferente. Parrish estava só olhando livros sem compromisso e não estava procurando um título específico, e muito menos o seu próprio. Após analisar a história de Hopkins, podemos perceber que a história de Parrish é menos rara.

Se não sabemos nada a respeito da vida de Anne Parrish, sua história parece espantosa. É uma história fabulosa, sem causa aparente. Alexander Woollcott, crítico literário da revista *New Yorker* naquela época, que conhecia Anne Parrish, escreveu a história quando ela ainda estava viva. Eis Woollcott:

> Quando captamos assim a vida, no próprio ato do rimado, nosso prazer desordenado talvez seja uma medida de quão amedrontados ficamos por causa do mistério de seus mares inexplorados. No mínimo, foi assim quando ouvi a história pela primeira vez. Eu a carreguei comigo como um talismã, mais do que disposto a acreditar que, quando Anne Parrish atravessou a rua na direção daquela banca de livros, em algum lugar no espaço insondável uma estrela deu risadas; deu risadas e saltitou em seu percurso.[1]

No entanto, liguemos os pontos. Sua mãe, cujo nome também era Anne, mas que era chamada Année, estudou pintura na Academia de Belas-Artes da Pensilvânia, em 1860, junto com Mary Cassatt. Na Academia, Année e Mary viraram amigas íntimas. Mary se tornou uma famosa retratista impressionista e foi morar, estudar e trabalhar em Paris, fazendo amizade com Edgar Degas e Camille Pissarro. Então, será que Année deu o livro para sua boa amiga Mary, que o levou para Paris? Mary morreu em 1926. Provavelmente, seu espólio se dispersou, junto com sua biblioteca, e o livro norte-americano de Anne Parrish *provavelmente* acabou sobre as mesas das bancas de livros de Paris em algum momento entre 1926 e 1929, antes de Anne Parrish encontrá-lo.

Então, pensemos mais a respeito disso. Se você fosse um norte-americano visitando Paris em 1929, as possibilidades seriam de que, a certa altura de sua visita, você iria à livraria Shakespeare and Company e as bancas de livros junto ao Sena. Aqueles eram os lugares conhecidos para a compra e a venda de livros em inglês usados e não raros. Se você fosse basicamente um autor de livros infantis, provavelmente pesquisaria as estantes de livros infantis. De fato, a maioria dos autores que conheço pesquisa estantes de livrarias – em particular, estantes dos gêneros que escrevem – sempre que tem uma oportunidade. Assim, aqui temos uma corrente muito provável de elos ligando *Jack Frost and Other Stories* sobre as mesas das bancas de livros junto ao Sena e a menina para quem *Jack Frost and Other Stories* era o livro favorito da infância.

Mas aguente firme. Assim como todas as boas coincidências, o momento era essencial. Anne tinha de ter estado em Paris no momento em que o livro estivesse na banca de livros junto ao Sena. Se ela tivesse vindo antes da hora, ou depois que alguém comprou o livro, teria perdido a oportunidade. Talvez outro norte-americano tivesse o comprado, trazendo-o de volta para os Estados Unidos, para dar outra oportunidade para Anne. Mas essa teria sido uma coincidência diferente, menos surpreendente, possivelmente enfraquecida, numa história oculta para sempre da jornada de ida e volta do livro para Paris. Nesse caso, o momento teve uma ampla margem para dar uma boa vantagem para a possibilidade.

Atribuir chances numéricas seria difícil. Mas consideremos algumas suposições razoáveis. Para começar, suponhamos a possibilidade de que Anne estaria viajando para Paris no verão de 1929. Daria para essa possibilidade um número conservador próximo de 0,1. Anne estava casada com um industrial rico. Em 1929, Paris era o destino de férias europeias número um dos norte-americanos ricos, junto com passeios de barco pelas ilhas gregas. Qual é a possibilidade de que ele visitaria as bancas de livros em Paris? Eu diria que a possibilidade disso é de 0,3. A mais difícil de fixar é a possibilidade de que o livro estaria ali. Agora aqui é onde a história dos antecedentes ajuda: a ligação da mãe de Anne com Mary Cassatt e a morte de Mary e os poucos lugares de Paris que teriam negociado com livros em inglês usados. Eu suporia que a possibilidade seria próxima de 0,01. Assim, a probabilidade da ocorrência dessa história seria ao redor de $p = 0{,}1 \times 0{,}3 \times 0{,}01 = 0{,}0003$; as chances contra isso acontecer são de 3.331 em 1. Improvável, mas não tão baixa quanto as chances de visitar uma cidade com o objetivo de encontrar um livro específico e encontrá-lo sobre um banco público. Sim, há diversas variáveis ocultas desconsideradas que complicam nossa estimativas, mas não mudariam a probabilidade em mais do que 1/10.000, e, portanto, as chances da história de Anne Parrish continuam um pouco melhores que as chances de receber uma quadra no pôquer.

História 3: A história da cadeira de balanço

A história de Anne Parrish tinha a vantagem do momento pouco rígido. *Jack Frost and Other Stories* podia ter estado entre os livros em inglês da banca de livros por meses antes e podia ter ficar por meses à frente se Anne escolhesse outro momento para viajar a Paris.

A história da cadeira de balanço é um tipo de história que só podia acontecer num momento preciso. Os detalhes da história, como apresentada no Capítulo 2, são os seguintes: meu irmão tinha uma cadeira de balanço em sua sala de estar, em Cambridge, em Massachusetts. Minha mulher encomendou uma igual de uma loja em Cambridge. A cadeira estava em falta e, portanto, ficou de ser enviada para a casa de meu irmão numa data posterior, diversas semanas depois. Durante uma pequena reunião, um convidado se sentou na cadeira de balanço de meu irmão, que quebrou. Logo depois, a campainha da porta tocou. A nova cadeira foi entregue.

Assim como qualquer uma dessas histórias, as chances numéricas são difíceis de ser conhecidas. No entanto, podemos compreender pelo menos o nível das chances.

A história podia muito bem ser um caso de sincronicidade. No entanto, considere as variáveis: a cadeira de balanço encomendada era uma reprodução exata. Esse fato contribuiu para a história, mas não para a coincidência. Minha mulher tinha visto a cadeira de balanço na sala de estar de meu irmão e quis uma igual. Provavelmente, ela foi informada de onde comprar. A primeira variável contributiva foi que a cadeira não estava em estoque. Se estivesse, não haveria história notável.

A segunda variável foi a visita pelo convidado. Sua presença na sala de estar de meu irmão, naquele momento, talvez tivesse sido bastante provável. Ele era um amigo que visitava com frequência; assim, podemos estimar com segurança que as chances de sua presença ali são melhores do que 9 em 1, e, portanto, a probabilidade de p^1, onde $0{,}1 < p^1 \leq 1$. Há, é claro, as chances de que ele escolherá a cadeira de balanço para se sentar.

Essas chances são fáceis de calcular. Até onde me recordo, existiam dois sofás capazes de acomodar seis pessoas e quatro cadeiras, incluindo a cadeira de balanço preta. Se a escolha de um assento era aleatória, e se ninguém ainda tinha se sentado, as chances de sua escolha da cadeira de balanço seriam de p^2, onde $0{,}1 < p^2 \leq 0{,}01$. No entanto, as pessoas não escolhem seus assentos num recinto ao acaso, sobretudo quando uma cadeira de balanço é uma possibilidade. Assim, sem conhecer nada a respeito da pessoa, essas chances são difíceis de estabelecer. Em consideração à discussão, porém, concordemos que $0{,}1 < p^2 \leq 0{,}01$.

É difícil estimar o momento da quebra – isto é, a probabilidade que a cadeira quebraria no momento em que o convidado se sentasse. O que podemos fazer é supor que a cadeira estava prestes a quebrar. É uma liberdade que assumimos com o entendimento de que, no fim, temos de dar à nossa estimativa algum jogo liberal.

O momento da entrega é um tanto mais fácil de fixar. Se a cadeira estava em falta e a entrega estava prevista para as próximas duas semanas, devíamos esperar sua chegada em algum momento da segunda semana, no horário comercial. Numa semana, são 3.360 minutos no horário comercial. Podíamos levar as coisas para o segundo em que a campainha tocou, como a história diz, mas para evitar a questão de qualquer possível exagero em relação aos detalhes, mantenhamos as coisas nos minutos. O humor da situação fica melhor assim. Assim, a probabilidade p^3 de que a campainha da porta toque naquele minuto específico em que o convidado se senta e a cadeira quebra é de 1/3.360, ou, aproximadamente, 0,0003. Portanto, podemos concluir que a probabilidade $p = p^1 \times p^2 \times p^3$ de ocorrência da história para aquele grupo específico de pessoas está entre 0,0000003 e 0,0003. Surpreendendo qualquer intuição, essa história é inacreditavelmente improvável. As chances contra ficam entre 3.333.332 em 1 e 3.332 em 1. No máximo, é uma chance maior do que a chance de receber uma quadra no pôquer.

História 4: A história do escaravelho de ouro

Escaravelho (ou Escarabeídeo) é o nome dado a uma família que consiste de uma classificação específica de besouro. O corpo robusto, as cores metálicas e as antenas claviformes os distinguem. Certa vez, Carl Jung teve uma paciente que lhe contou a respeito do sonho dela sobre um escaravelho de ouro. Sentado numa cadeira, de costas para uma janela fechada, e prestando atenção na descrição do sonho, ele escutou uma pancadinha na janela. Virou-se e viu um inseto voador batendo contra o vidro da janela, do lado de fora, como se para chamar sua atenção. Abriu a janela e pegou o inseto quando ele voou para dentro. De fato, era um escaravelho. Jung considerou essa coincidência como um exemplo ideal do que ele denominava sincronicidade; isto é, a simultaneidade de dois eventos que ocorrem juntos no tempo e no espaço por meios que não podem ser explicados pelo acaso.

Se o sonho do escaravelho de ouro é um exemplo de sincronicidade, então não somos capazes de saber as chances de sua ocorrências. Cai numa categoria diferente da história da cadeira de balanço, mas como aquela história, também é uma de momento crítico. Se o escaravelho tivesse batido de leve contra a janela meia hora depois, a história teria sido diferente. Pode muito bem haver uma sincronicidade no universo, mas essa história certamente envolve possibilidade. Dito isso, devemos ter em mente que o sonho da jovem traz nele a variável oculta do inconsciente coletivo, que não pode ser ignorado.

Os escaravelhos são comuns em junho. Um escaravelho pode ter batido de leve na janela da jovem quando ela estava tendo um sonho. Se ela o escutou durante o sono, pode ter afetado seu sonho. Nossos sonhos são muitas vezes uma mistura de experiências inconscientes e conscientes, ocasionalmente influenciados por sons e luzes reais. Uma pessoa pode dormir enquanto ocorre uma tempestade real e, ao mesmo tempo, sonhar que está no meio de uma. Assim, a pergunta para nós é essa: quais são as possibilidades de que um escaravelho tenha batido de leve na janela da jovem durante seu sonho? E quais são as possibilidades de um escaravelho bater de leve na janela de Jung no mesmo momento em que ela estava contando seu sonho?

Jung não revelou a época do ano em que o encontro aconteceu. Pode ter sido junho. A julgar pelos meus próprios encontros com escaravelhos, diria que a resposta à primeira pergunta é de 29 em 1, aproximadamente. Encontro pelo menos um escaravelho batendo de leve em minha janela no mínimo uma vez por ano, e quase sempre em junho. A resposta para a segunda pergunta é mais desafiadora. As chances contra um escaravelho bater de leve na janela de Jung também é de 29 em 1, mas isso não leva em conta o momento preciso muito importante dos dois outros eventos:

o intervalo em que a jovem está tendo seu sonho e o encontro de Jung com o escaravelho em sua janela. E esse é o quebra-cabeça ao qual devemos fazer suposições. Atraídos pela luz, os escaravelhos batem de leve nas janelas principalmente à noite. O fato de o sonho da jovem ser bastante significativo para ser contado na sessão com Jung evidencia que era um sonho raro, que, possivelmente, foi interrompido pelo escaravelho golpeando a janela. Se assumirmos a posição conservadora de que ela pode ter tido esse sonho específico em uma das noites de junho, a probabilidade de sua ocorrência na mesma noite da visita do escaravelho seria de 1/30 x 1/30 ≈ 0,001, ou chances contra de 998 em 1.

Suponhamos que a paciente tem uma consulta com Jung uma vez por semana, durante uma hora. E suponhamos que Jung receba uma média de seis pacientes por dia, excluindo os dias do fim de semana. Então, no mês de junho, são 132 consultas de uma hora. O sonho do escaravelho foi contado em apenas uma dessas consultas, e contado em, digamos, um período de dez minutos. Em junho, são 792 segmentos. Isso significa que, durante o mês de junho, as possibilidades contra de um escaravelho surgir na janela no momento da narração do sonho seriam de 791 em 1, dando uma probabilidade de 1/792. Portanto, a probabilidade de essa história acontecer é de 1/30 x 1/30 x 1/792 ≈ 0,0000014; ou seja, menos provável que um *royal flush*.

História 5: A história de Francesco e Manuela

A coincidência Francesco-Manuela não é a história em si, mas sim o fato de que uma pessoa escrevendo um livro a respeito de coincidência estava ali para escutá-la da pessoa que conhecia aquela história. Consideremos dessa maneira: os nomes específicos, Francesco e Manuela, não têm importância. A história podia ter sido sobre quaisquer nomes, digamos, Bill e Joan, ou Fred e Fredrika. A história podia ter acontecido em qualquer lugar do mundo. Nem mesmo tinha de ser a respeito de dois homens e duas mulheres. Conceituemos a história e verificamos que, na teoria, envolve dois pares de pessoas, cada um com o mesmo par de nomes, encontrando-se em qualquer lugar do mundo pela primeira vez. Agora, a história se torna uma de contagem de correspondências de nomes. Quantos nomes existem nesse mundo, e quantos desses pares se encontrarão em algum momento, em, digamos, um ano? Não podemos nem mesmo começar a supor esses números. Só em Olbia, uma cidade de 58 mil habitantes, existiam, no momento da redação deste livro, 2.484 pessoas com o nome Francesco, e 276 Manuelas. No entanto, uma coisa é certa: a quantidade de pares de pessoas no mundo com nomes correspondentes é grande; de fato, enorme! Essa história de identidade trocada, como a contada há pouco, não pode ser tão incomum. O mais incomum é que temos dois pares de pessoas que passam um período de tempo exagerado alheios ao fato de que estão no encontro errado. Dessa maneira, essa desatenção reduz significativamente os números. As limitações que acabamos de impor reduzem esses números para pelos menos centenas.

Há alguns métodos pouco rígidos que podem nos levar a boas suposições sobre as chances. Com 2.834 Francescos em Olbia, devemos querer saber quantas Manuelas de Madri estão visitando Olbia em um determinado dia. Quantas se hospedam no Hotel de Plam, onde a história começa?[2] E quantas estão no saguão do hotel para se encontrar com alguém que nunca tinham visto antes? Podemos medir a possibilidade de que, amanhã de manhã, duas pessoas com o nome de Manuela estarão esperando naquele saguão do hotel para se encontrar com duas pessoas chamadas Francesco, pessoas que nunca viram antes. Podemos fazer isso passando algumas manhãs no saguão, perguntando para as pessoas os seus nomes e investigando se elas estão ali para se encontrarem com alguém não visto antes. Então, num período de dez dias, podemos considerar a quantidade média diária de pessoas chamadas Manuela que estão sentadas no saguão, e dividir isso pela quantidade média diária de pessoas sentadas no saguão. Esse número pode ser zero. No entanto, se aumentarmos a quantidade de dias para 365, aquela quantidade de pessoas mais provavelmente acabará se revelando maior do que 0. Naturalmente, essa é uma maneira demorada e custosa de medir uma probabilidade.

Há outra maneira. Comece com a quantidade média de pessoas visitando Olbia em qualquer determinado dia. A Sardenha é uma ilha e, assim, os visitantes devem chegar pelo mar ou pelo ar. Consideremos o ar. Antes de setembro de 2013, havia um voo sem escalas da Iberia. No entanto, logo depois que minha mulher e eu deixamos a ilha, Olbia sofreu uma inundação provocada por uma tempestade que deixou metade da cidade em ruínas. O voo direto foi cancelado e nunca retomado. Descobrindo a quantidade de voos sem escala de Madri (10) e a quantidade média de passageiros nos Airbus 320 e 340 fazendo esses voos (200), ficamos sabendo que, em média,

2 mil pessoas chegam a Olbia todos os dias vindas de Madri. E como Olbia é tipicamente um local de destino, quase todos que chegam não embarcam em outro avião no mesmo dia. Claro que existem flutuações do verão para o inverno. De uma amostra da lista telefônica de Madri, descobrimos que 1,3% da população de Madri se chama Manuela. Então, fazemos a suposição temerária, mas conservadora, de que apenas um quarto dos passageiros desses dez aviões vindos de Madri (500) eram residentes de Madri e seus arredores. A partir disso, descobrimos que, em qualquer determinado dia, Olbia hospeda 6,5 novas visitantes chamadas Manuela. É possível que algumas peguem um trem ou ônibus para uma cidade diferente. Assim, suponhamos de forma conservadora que são três novas visitantes. Nesse momento, há muitas discussões a ser feitas sobre onde essas visitantes ficarão e que tipo de pessoa escolherá que tipo de hotel. Minha análise limita a quantidade média de pessoas chamadas Manuela que se hospedam no Hotel de Plam a 0,17. Já que estamos falando de médias, podemos também sugerir que as escolhas de hotel são agrupadas: alguns hotéis oferecem tarifas especiais em certos dias e em certas épocas do ano. Uma Manuela pode ter chegado a Olbia na noite anterior. A outra pode ter acabado de chegar. Considerando esses agrupamentos e horários de chegada, as chances de duas Manuelas escolherem o hotel sugerido pelos seus respectivos anfitriões Francesco é de 35 em 1, exatamente igual às chances de tirar duplo seis com um par de dados. Devia ser surpreendente encontrar duas Manuelas de Madri no Hotel de Plam? Deixo para você responder isso. A questão real para a coincidência é como aconteceu que as ligações entre os pares Francesco/Manuela se misturaram por tão longo tempo antes que qualquer uma das quatro pessoas envolvidas suspeitasse que algo estava errado. Para isso, não tenho resposta, a não ser dizer que as pessoas que não se conhecem normalmente têm conversas introdutórias desajeitadas, que, a princípio, não se baseiam no propósito real do encontro.

Foi uma coincidência notável? Os eventos de identidade trocada são mais comuns do que pensamos, pois os números por trás deles são maiores do que imaginamos. Nossa análise considerou apenas dois nomes: Francesco e Manuela. A história nos surpreende, não por causa desses nomes específicos, mas sim porque tomei conhecimento da história por meio do próprio Francesco.

Enquadre a história de modo distinto: alguém chamado X vai encontrar alguém chamado Y no saguão do hotel H. Outra pessoa chamada X vai encontrar outra pessoa chamada Y no saguão do hotel H. Até aqui, é apenas uma variação do conhecido problema do aniversário, que encontramos no Capítulo 8. No entanto, vai além. Cada pessoa é identificada indevidamente por uma hora. Agora as possibilidades são muito maiores. Examine o que acontece se X e Y corresponderem a um de quatro nomes diferentes, digamos, X = Marco, Andrea, Francesco ou Luca (os quatro nomes masculinos mais frequentes na Itália). Da mesma forma, façamos com que Y = Maria, Laura, Marta ou Paula (os quatro nomes femininos mais frequentes na Espanha). E, é claro, para o encontro de interesse, nem X nem Y devem se fixar a nomes de qualquer gênero específico. Agora vemos que as possibilidades desse encontro são muito maiores. Nesse momento, temos dezesseis possibilidades: Marco pode se encontrar com as Marias, ou as Lauras, ou as Martas, ou as Paulas. E isso também vale para Andrea, Francesco e Luca. No fim, temos dezesseis mais possibilidades de um encontro de identidade trocada no saguão do hotel H.[3] Por que não consideramos os primeiros cem nomes mais populares na Itália e os primeiros cem nomes mais populares na Espanha? Se fizermos com que *n* seja a quantidade de pares de nomes, poderemos especular que o efeito cresce como o quadrado de *n*. Isso significaria que, com cem pares de nomes, as possibilidades se multiplicam por 10 mil. No entanto, como a popularidade dos nomes diminui na lista de nomes populares, o mesmo também acontece para as quantidades de pessoas com esses nomes. Se limitarmos essa análise a, digamos, $n \leq 25$, será seguro afirmar que o efeito cresce aproximadamente como quadrado de *n*. Isso é um fator de 625. Na Itália, há cerca de 51.733 hotéis de três estrelas ou mais. E se incluíssemos todos os saguões de hotel de todo o mundo, nosso número ficaria tão grande que deveríamos ter certeza que dois pares de pessoas terão um encontro de identidade trocada em algum saguão de hotel (eu suporia), em algum lugar, a cada hora!

"Agora espere um segundo", você diz, como minha mulher também disse. "Francesco contou a história para *você*. Há uma diferença entre a possibilidade de um evento de identidade trocada como o encontro Francesco-Manuela e um encontro arbitrário de duas pessoas não identificáveis em algum lugar, em certa parte do mundo. A coincidência não é só que isso aconteceu, mas também que você foi informado acerca dela." Sim, concordo. No entanto, pela análise acima, devia estar acontecendo em algum lugar do mundo diversas vezes por dia. Não é surpreendente que escutei a história apenas uma vez em toda a minha vida? Por que devia ficar surpreso de escutá-la se ela é tão inevitável?

Cada uma das histórias de coincidência deste livro pode ser analisada considerando-se os números. A dificuldade reside em encontrar as diversas variáveis ocultas significativas. Inicialmente, os números podem não parecer grandes, como não pareceram no caso do encontro Francesco-Manuela, mas, mediante exame cuidadoso de todas as possíveis combinações interagentes de eventos, aqueles números aparentemente pequenos cresceram e ficaram bastante grandes; bastante grandes para transformar algo que parece impossível em algo que é inevitável.

História 6: A história do motorista de táxi

Uma mulher pega um táxi em Chicago. Três anos depois, ela pega um táxi em Miami e descobre que o motorista albino é o mesmo do táxi de Chicago. Para explicar isso, devemos primeiro examinar a frequência com que ela pega táxis. A mulher é uma executiva de uma empresa de investimentos, que pega táxis com frequência, em diferentes cidades importantes. Os motoristas de táxi que não são albinos não são tão distinguíveis. Assim, uma pessoa que usa táxis frequentemente pode esperar parar um táxi sem perceber que o motorista é familiar, a não ser que ele, por acaso, seja uma pessoa albina. Dessa maneira, é possível que ela tenha pegado duas vezes um motorista diferente, em duas cidades diferentes, sem ter consciência de fazer isso.

Consideremos a probabilidade de ela pegar um táxi em Chicago e Miami com três anos de diferença com o mesmo motorista – chamado A – sem reparar se a pessoa era albina ou não. A probabilidade de pegar A em Chicago é 1, pois os táxis ainda não são sem motorista. Primeiro, avaliamos a probabilidade que um motorista de táxi de Chicago se mude para Miami em três anos. Atualmente, há 15.327 motoristas de táxi em Chicago e cerca de 5 mil em Miami. Estatísticas de quantas pessoas trocam Chicago por Miami não estão disponíveis; assim, tudo o que podemos fazer é considerar os números do êxodo. Temos dados que revelam que, em 2014, 95 mil pessoas da população de Chicago de 2.722.389 habitantes se mudaram para outros estados. É uma proporção de 1 em 29 por ano. Se essa mesma proporção se mantém para os 15.327 motoristas de táxi de Chicago, então podemos presumir temerariamente que 529 motoristas se mudaram para outros estados num período de três anos. Chicago é a terceira maior cidade dos Estados Unidos, enquanto Miami é a quadragésima quarta. É difícil supor as cidades de destino dos motoristas; no entanto, a lista da empresa de mudanças U-Haul de destinos principais nos Estados Unidos classifica Miami em quadragésimo lugar. Assim, podemos supor que pouquíssimos motoristas de táxi de Chicago se mudaram para Miami, talvez mais do que vinte e menos do que quarenta. Então, as possibilidades de a mulher pegar A são maiores que 20/15.237 = 0,013 e menores que 40/15.327 = 0,026. As chances contra ficam entre 75 em 1 e 36 em 1. Nada mal!

Agora voltemos ao motorista com albinismo. Como não levamos em consideração se a mulher perceberia dois motoristas de táxi em duas ocasiões com diferença de três anos, as chances devem ser iguais. O truque, como em todas as coincidências, está no ato de reparar.

História 7: A história do plum pudding

A história do *plum pudding*, como narrada por Émile Deschamps, poeta francês do século XIX, não pode ser reduzida a quaisquer números justificáveis. Classifica-se como uma das maiores histórias de coincidência que já tomei conhecimento, em parte por causa do grande espaço de tempo entre as incidências de ligação. Por um lado, esse espaço de tempo aumenta as possibilidades, e, por outro, enriquece a história. As circunstâncias básicas são essas: o jovem Deschamps conheceu o senhor de Fortgibu, que saboreava um *plum pudding*, uma sobremesa que era quase desconhecida na França daquela época.

Dez anos depois, após ter se esquecido do pudim, Deschamps passa por um restaurante que contém o *plum pudding* em seu cardápio. Ele entra no restaurante para pedir uma porção, mas é informado pela garçonete do balcão que não sobrou nenhuma fatia, pois um homem, num uniforme de coronel, pedira todo o pudim. Ela aponta para Fortgibu. De novo, alguns anos se passam, nos quais Deschamps não vê nem pensa no pudim. Então, certo dia, ele é convidado para um jantar. O pudim é servido, e Deschamps conta para a anfitriã e para os demais convidados a história de Fortgibu e do *plum pudding*, como se fosse uma coincidência fantástica. Exatamente quanto Deschamps termina de contar sua história, a campainha da porta toca e Fortgbigu é anunciado. O mesmo Fortgibu, convidado a um jantar distinto num vizinho, tinha se enganado de endereço e tocado a campainha errada.

A história recai numa categoria próxima dos encontros inesperados, mas estamos falando de quatro variáveis se reunindo no espaço e no tempo de uma maneira tão desconcertante que desenredar as variáveis seria quase impossível sem suposições extravagantes. A quantidade de anos que passam entre os eventos torna o problema quase insondável. Quase, mas tentemos decompor essa história em números. A probabilidade de encontrar Fortgibu saboreando uma sobremesa como *plum pudding* pela primeira vez é de 1. A pessoa específica e o pudim não têm relevância real. A história podia ter focalizado uma pessoa diferente e um nome diferente. Descobrir as chances do segundo encontro dez anos depois é mais desafiador. Em sua caminhada, Deschamps podia ter passado pelo restaurante sem perceber que o pudim estava no cardápio. Mas isso não teria sido provável, pois *plum pudding* para ele era algo especial, não como *mousse au chocolat*. Assim, é muitíssimo provável que ele perceberia e um pouco menos provável que ele entraria para pedir uma porção. A coincidência é que Fortgibu estava ali.

Consideremos isso da seguinte maneira: na época de Deschamps, em meados do século XIX, Paris era uma cidade pequena; não em população, mas em termos dos locais que as pessoas frequentavam. Certos bairros de Paris eram mais frequentados por certas pessoas do que por outras. Se Fortgibu passasse pelo restaurante, também teria reparado no cardápio e muito provavelmente entraria para pedir uma porção de pudim. O comportamento é muito semelhante a reparar num motorista de táxi com albinismo. Você repara mais em alguma coisa quando ela é incomum e quando incita a recordação de coisas do passado. Outra coisa para termos em mente é que é muito possível que Fortgibu jantasse naquele restaurante todos os dias, da mesma forma que também é possível que fosse a primeira vez que Deschamps jantava ali. Assim, no que diz respeito a essa primeira coincidência, houve um encontro inesperado de duas pessoas com um interesse comum, numa área geográfica relativamente pequena. É a coincidência seguinte que nos leva a algo muito incomum e imensamente difícil de analisar: Fortgibu tocando por engano a campainha do apartamento onde Deschamps está jantando e onde o pudim está sendo servido.

Contudo, essa coincidência aconteceu muitos anos depois do encontro no restaurante. Temos de considerar todos os anos que Fortgibu não tocou por engano a campainha de alguém promovendo um jantar com Deschamps como um dos convidados, quer o *plum pudding* fosse ou não um dos pratos sendo servidos.

História 8: A história do manuscrito levado pelo vento

No fim do século XIX, Nicolas Camille Flammarion, astrônomo e autor de divulgação científica, contou essa história. Ele estava escrevendo um popular tratado de oitocentas páginas sobre a atmosfera. Durante a escrita de um capítulo a respeito da força do vento, uma súbita ventania penetrou pela janela aberta, ergueu as folhas de um capítulo completo da escrivaninha, e as levou para fora da casa, para um aguaceiro que começou a cair em seguida. Alguns dias depois, uma segunda coincidência aconteceu, quando um portador de sua editora, que trabalhava a cerca de um quilômetro e meio do apartamento de Flammarion, encontrou casualmente as folhas perdidas do capítulo e as trouxe para ele.

Pode parecer surpreendente que o vento possa ter levado todas as folhas tão longe, deslocando-se coincidentemente da avenue de l'Observatoire, 32 até os escritórios da editora de Flammarion, a Librairie Hachette, na boulevard Saint-Germain, 79. No entanto, há mais elementos na história, dando algum antecedente causal. A parte um pouco oculta da história é que, na manhã do evento do vento, o mesmo portador foi ao apartamento de Flammarion para entregar algumas provas de impressão.[4] O homem morava perto dali e foi tomar café da manhã pouco depois de entregar as provas de impressão. Em seu caminho de volta aos escritórios da editora, ele localizou as folhas molhadas no chão e, ao reparar que a caligrafia era de Flammarion, achou que ele tinha as deixado cair acidentalmente. Ele voltou ao escritório e não contou nada para ninguém por alguns dias, supostamente deixando as folhas secarem. Assim, nesse caso, a causa foi que a pessoa que encontrou as folhas já tinha uma ligação próxima com a pessoa que as perdeu.

A ventania que ocorreu enquanto Flammarion estava escrevendo sobre a força do vento não é tão surpreendente. Alguém que escreve um capítulo de um livro não faz isso em questão de minutos. Ele podia estar escrevendo há dias ou semanas. Em dias de verão, janelas abertas levam papéis quando ocorrem ventos e brisas. Assim, o evento principal envolve as páginas impelidas pelo vento e o portador. O portador morava na vizinhança, estava familiarizado com a caligrafia de Flammarion, estava no ramo editorial (e, portanto, teria ficado interessado no conteúdo das folhas) e era um visitante ocasional do apartamento de Flammarion. Esses elementos sugerem chances um tanto favoráveis de que os papéis seriam encontrados e devolvidos. Mas essas chances se reduzem pela maior possibilidade de que outra pessoa encontrasse as folhas, alguém que não conhecesse a caligrafia de Flammarion, ou um varredor de rua que tivesse as colocado em recipientes de lixo com outros refugos da rua.

História 9: Sonhos de Abraham Lincoln

Lincoln contou a respeito de seu sonho de escutar um grupo de pranteadores chorando e de deixar seu quarto para descobrir de onde os choros estavam vindo. Os pranteadores eram invisíveis e os sons vinham de todas as direções. Quando ele chegou ao Salão Leste, viu um defunto deitado sobre um catafalco, cercado por diversos soldados e pranteadores. Ele foi informado que o presidente fora assassinado.

Ele tinha muitos sonhos premonitórios. Quando a guerra começou, ele tinha o mesmo sonho antes de todo evento nacional importante. Eram coincidências, ou apenas ansiedades compreensíveis de incerteza vindo à tona do subconsciente e vindo à tona num estado onírico?

O sonho de Lincoln a respeito do próprio assassinato podia simplesmente ser o reconhecimento da incerteza de sua posição. Nenhum presidentes norte-americano tinha sido assassinado antes, mas isso não significa que o assassinato não estivesse em sua mente, sobretudo em tempo de guerra. Como a maioria dos sonhos, a premonição está encravada no mecanismo onírico; ainda estamos "pensando" enquanto estamos sonhando, ou estamos "pensando" que estamos sonhando.

História 10: Prêmios de loteria de Joan Ginther

Joan Ginther ganhou quatro vezes na loteria. Ganhou 5,4 milhões de dólares na primeira vez; 2 milhões na segunda; 3 milhões na terceira; e 10 milhões na quarta. Seus prêmios foram conquistados ao longo de um período de 18 anos, começando em 1993. Admito que a possibilidade disso acontecer para ela é bastante improvável, mas não impossível. Tecnicamente, a história dela não é uma coincidência. As coincidências não têm causas aparentes. A história de Ginther possui uma causa precisa: ela escolheu os números premiados comprando bilhetes a granel. Podemos achar que seus quatro prêmios na loteria foram um colossal golpe de sorte. Claro que foi. De fato, esses prêmios múltiplos são raros. No entanto, há fatores ocultos.

Inicialmente, seu primeiro prêmio deu-lhe dinheiro para jogar repetidas vezes, cada vez usando suas perdas nos jogos para cobrir parte de sua dívida tributária com o governo. Era uma atitude inteligente, mas é o que 80% dos ganhadores de grandes prêmios fazem: jogar frequentemente, esperando pelo próximo "barato". Os psicólogos da teoria dos jogos de azar referem-se a esses "baratos" como reforço de história favorável.[5] E quando você é um ganhador de grande prêmio, não compra apenas um ou dois bilhetes, mas sim às centenas e até aos milhares. No entanto, como alguém escolhe os números vencedores?

Relatou-se que as chances de escolha daqueles números vencedores em quatro ocasiões são de 18 septilhões em 1, e que isso é tão improvável que só pode acontecer para uma pessoa uma vez em um quadrilhão de anos.[6] (Veja o Capítulo 7 para observar como esse cálculo é feito.) Pode ser, mas sem sabermos quantas vezes Ginther perdeu (e não temos jeito de saber), não há maneira de sabermos as chances verdadeiras. Algumas partes de sua história estão faltando. É verdade que ela tem um doutorado em matemática por Stanford; então, ela pode ter usado algum algoritmo para determinar os números vencedores enquanto comprava a granel.

Consideremos a loteria da Lotto Texas. Os jogadores compram um bilhete único por 1 dólar e marcam seis números de 1 a 54. A loteria divulga as chances como expostas na Tabela 10.1. Suponhamos que Ginther comprou um bilhete único por 1 dólar e escolheu os seis números vencedores. Com um grande prêmio de 2 milhões de dólares, a expectativa de ganhar o grande prêmio é de meros 9 centavos de dólar. É possível ganhar um dos outros três prêmios menores que o grande prêmio; assim, devemos adicionar um valor esperado de 7 centavos (o total excluindo o grande prêmio) ao valor esperado do grande prêmio, convertendo em 16 centavos o valor esperado para a conquista de qualquer prêmio. Para cada dólar apostado, o jogador está jogando fora 84 centavos.

Tabela 10.1 – Chances referentes à loteria da Lotto Texas

Acertos	Valor	Chances médias	Probabilidade	Valor esperado
6 números*	Grande prêmio	25.827.165:1	0,000000038	US$ 0,09
5 números	2 mil dólares	89.678:1	0,00001115	US$ 0,02
4 números	50 dólares	1.526:1	0,000654878	US$ 0,03
3 números	3 dólares	75:1	0,013157894	US$ 0,02

** Depende da quantidade de bilhetes vendidos e de quantas semanas se passaram sem ganhadores do grande prêmio.*

Então, há os impostos e a possibilidade de dividir o prêmio para termos um valor esperado reduzido a aproximadamente 12 centavos. A quantidade de jogadores aumenta de acordo com o tamanho do grande prêmio. Assim, a possibilidade de que um ganhador dividirá o grande prêmio aumenta.

Sim, ganhar quatro vezes com distintos grandes prêmios é um colossal golpe de sorte. A probabilidade de ganhar um grande prêmio é muitíssimo baixa. A probabilidade de Ginther ganhar 4 vezes teria 32 zeros após o ponto decimal antes que quaisquer dígitos maiores que zero começassem a aparecer. Mas isso é só porque estamos especificando Joan Ginther como a pessoa que ganhou quatro vezes. Sem dúvida, ela tem tanta possibilidade quanto qualquer outra pessoa de ganhar algumas vezes, até mesmo apenas uma vez, desde que ela compre apenas um bilhete por vez. No entanto, as possibilidades de alguém ganhar o grande prêmio são enormes, dada a quantidade perto de 1 bilhão de bilhetes da Lotto Texas que são vendidos todos os anos. Afinal, alguém deve ganhar, embora possam ocorrer alguns sorteios antes de haver um ganhador. Em 2014, segundo as estimativas, 31.818.182 pessoas diferentes gastaram mais de 70 bilhões de dólares em bilhetes de loteria nos Estados Unidos. Se 70 bilhetes são adquiridos em um ano, e os números são escolhidos ao acaso (não são absolutamente aleatórios, como observamos no Capítulo 6), então alguém, sem dúvida, ganha no período de um ano, e as chances ainda são razoáveis de que alguém ganhe no período de um mês.

Somos capazes de entender como uma pessoa pode ganhar. No entanto, o que dizer de uma mesma pessoa que ganha quatro vezes? As chances são bastante boas de que premiações como as de Ginther tenham uma possibilidade razoável de acontecer numa população de quase 320 milhões de norte-americanos. As premiações dela parecem impressionantes só porque as observamos como ocorrendo para uma pessoa específica: Joan Ginther.

Calculemos a probabilidade que uma pessoa, não necessariamente Ginther, ganhe na loteria duas vezes num período de cinco anos. Você pode achar o resultado surpreendente. Há 26 loterias principais e legalizadas nos Estados Unidos, com 104 sorteios por ano em cada uma, totalizando 13.520 sorteios num período de 5 anos. Na média, 1/6 da quantidade de sorteios resulta na conquista de um grande prêmio; assim, a quantidade de premiações é de 2.253. Assumimos que, como faziam antes, 80% dos ganhadores continuem a adquirir bilhetes da loteria em cada sorteio, durante pelo menos cinco anos. Também, em média, a quantidade de ganhadores do grande prêmio por grande prêmio é de 1,7.

Agora, fazemos a suposição temerária de que esses eventos de premiação são independentes uns dos outros. É temerária porque estamos assumindo que os ganhadores de cada sorteio com premiação continuam apostando grandes somas de dinheiro e utilizam a mesma estratégia de antes para afetar a próxima premiação. Também fazemos a suposição, só para possibilitar a análise, de que cada ganhador utiliza a mesma estratégia como qualquer um dos outros. Em outras palavras, rateamos as estratégias entre os ganhadores dos grandes prêmios. Caso contrário, o problema fica muito difícil de analisar.

Façamos com que x seja a probabilidade que uma pessoa que joga continuamente na loteria durante cinco anos ganhe duas vezes. A partir da Tabela 10.1, consideramos p a probabilidade de ganhar um grande prêmio num sorteio único. Primeiro calculamos $(1 - x)$, ou seja, a probabilidade que os ganhadores da primeira vez não ganhem uma segunda vez em cinco anos. Façamos com que $y = 1 - x$. A quantidade de ganhadores do grande prêmio por grande prêmio é, em média, de 1,7; assim, em cada sorteio com ganhadores, a quantidade de novos ganhadores do grande prêmio aumenta por um fator de 1,7. Significa que, nas primeiras das 2.253 premiações, existirão 1,7 ganhadores. Nas segundas 2.253 premiações, existirão 1,7 x 2 ganhadores... e, na última das 2.253 premiações, existirão 1,7 x 2.253 ganhadores. Em outros termos, a probabilidade que um ganhador da primeira vez não ganhe uma segunda vez na primeira, segunda, terceira e... última das 2.253 premiações é de $(1-p)^{1,7}$, $(1-p)^{1,7\times 2}$, $(1-p)^{1,7\times 3}$, . . ., $(1-p)^{1,7\times 2.253}$, respectivamente. Como estamos supondo que cada premiação é independente de quaisquer outras, *y*, ou seja, a probabilidade de que nenhum dos ganhadores da primeira vez ganhe uma segunda vez, é o produto de $(1-p)^{1,7}(1-p)^{1,7\times 2}(1-p)^{1,7\times 3} \ldots (1-p)^{1,7\times 2.253}$.

Portanto, $y = (1-p)^{1,7(1+2+3+\ldots 2.253)} = (1-\mathrm{p})^{4.316.523} \approx 0{,}49$. Assim, $x = 0{,}51$, ou uma chance maior do que 50% de alguém ganhar um grande prêmio duas vezes num período de cinco anos.

Podemos fazer um cálculo semelhante para o mundo, para um período de um ano. Há 166 loterias no mundo. Muitas loterias não norte-americanas possuem apenas um sorteio por semana; assim, a quantidade de sorteios por semana, no mundo todo, incluindo os dois sorteios semanais nos Estados Unidos em dois anos, é de 9.984. Num ano único, a quantidade de premiações de grandes prêmios (usando a escala em que, nos Estados Unidos, a quantidade de sorteios em relação a grandes prêmios é de 5 em 1, em média, e a razão entre sorteios e grandes prêmios no resto do mundo é de 3 em 1) é, portanto, de 2.496. Utilizando o mesmo método, calculamos $y = (1-p)^{1,7\times 2.496} = (1-p)^{5.297.635} \approx 0{,}40$. Portanto $x = 0{,}60$.

Em dois anos, a probabilidade de que uma pessoa ganhe duas vezes é de 0,97; um número tão próximo de 1 que a possibilidade de alguém ganhar o grande prêmio duas vezes em dois anos é quase certa.

As premiações de Joan Ginther ocorreram num período de dezoito anos. Nesse espaço de tempo, a probabilidade de alguma pessoa ganhar quatro grandes prêmios em algum lugar do mundo é muito próxima de 1.

Parte IV

Os quebra-cabeças

Frases como essas

Algumas histórias que desafiam todas as regras
podem nos fazer crer que são acasos
para promover as colisões inesperadas
de feitos que jamais conseguimos prever,
aqueles difíceis de calcular, surpresas
que zombam da lei matemática.
Assim, dedos itinerantes de macacos,
um milhão competindo todos os dias
freneticamente datilografando
em grande quantidade de tentativas,
um zilhão de negações,
sem intenção ou propósito
de criar uma composição,
podem produzir uma sentença assim.
– J.M.

Há coincidências que fogem completamente de análise. Não importa como você as contempla; elas dão a impressão de vir até nós por meio da serendipidade. Não se encaixam em nenhuma das dez categorias registradas na parte III. O primeiro desses cinco ensaios investiga coincidências de evidência de DNA em cenas de crime e os erros de percepção de jurados em relação a possibilidades remotas de erros referentes ao DNA. O segundo apresenta a história da descoberta acidental do raio

X por Wilhelm Conrad Röntgen durante a experiência com correntes elétricas em recipiente de vidro sob vácuo parcial. O terceiro relata a história de um negociante trapaceiro, Jérôme Kerviel, que apostou 10 milhões de euros sem conhecimento prévio de dois acasos: um que gera milhões de euros e um que perde muito mais. O quarto ensaio trata dos poderes psíquicos da percepção extrassensorial e a questão de se os mesmos se incluem na categoria da coincidência. O quinto ensaio compara as coincidências planejadas da literatura e do folclore com as coincidências imprevisíveis da vida real.

Capítulo 11

Evidência

É melhor e mais satisfatório absolver mil pessoas culpadas do que condenar a morte um único inocente.[1]
– Maimônides

As pessoas gostam de coincidências e acham que são muito raras. Quando muitas dessas mesmas pessoas tornam-se membros do júri em casos que podem levar a uma execução, acham que coincidências referentes a contratempos forenses não são possíveis de acontecer. No entanto, os jurados querem prova forense sólida antes de se disporem a condenar. É uma coisa boa. Curiosamente, no outro extremo, dispõem-se com muita frequência a condenar diante de prova forense sólida de inocência. Por engano, o público presume que a evidência de DNA é a prova absoluta de culpa ou inocência, pelo menos se não está comprometida por contaminação. Porém, as coincidências de evidência criminal que conduzem a condenações injustas são muito mais prováveis do que podemos esperar.

Os argumentos a respeito da evidência de DNA são eficientes, sobretudo para pessoas que possuem apenas um entendimento superficial de como essa evidência funciona. As pessoas que têm pouco conhecimento das complexidades do DNA são alvos de advogados experientes em salas de tribunal, que conseguem manipular com astúcia as convicções em seu favor, pois o DNA pode ser usado de forma contraditória, tanto como prova para condenação quanto como prova de inocência em investigações conturbadas de crimes graves. A questão de o que constitui a evidência de DNA – o que ela pode provar e o que não pode – é muito complexa para darmos uma resposta perfeita. Não obstante, devemos levantar a questão da evidência para focalizarmos quando a coincidência é inferida como prova de culpa ou inocência. Os erros na evidência – circunstancial, coincidente e material – podem contaminar os julgamentos de culpabilidade.

Antes do teste de DNA, os tipos sanguíneos, a sorologia e a impressão digital convencional eram as ferramentas padrão. Essas ferramentas forenses convencionais dão medições muito imprecisas, em comparação com a impressão digital de DNA (DNA *fingerprinting*). Cerca de 40% dos norte-americanos compartilham sangue tipo O positivo, e a compatibilidade de impressões digitais são inconclusivas em diversos casos criminais. Barry Scheck, cofundador do Innocence Project e um dos advogados da equipe de defesa de O.J. Simpson, afirmou que a identificação por DNA é "o padrão ouro de inocência e a caixa-preta mágica que estabelece subitamente a verdade".[2] Atualmente, a impressão digital de DNA está desempenhando papel importante em inocentar prisioneiros condenados por engano. No entanto, advogados de defesa ou acusação podem usar o teste de DNA em seu benefício, impressionando o corpo de jurados com sua exatidão científica incontestável ou atacando os procedimentos de coleta e armazenamento da evidência. No caso de O.J. Simpson, a acusação tinha evidência de DNA substancial, mas a defesa foi capaz de persuadir os jurados, afirmando que a evidência tinha sido adulterada.

A impressão digital de DNA não é infalível. Pode haver erros involuntários e pode haver manipulação premeditada. As imperfeições dos aparelhos, os acidentes ambientais e as falhas de manejo humano podem contribuir para resultados errados em laboratórios de exame clínico.

Em 11 de maio de 2006, um investigador independente revisou centenas de casos criminais que foram originalmente analisados pelo Houston Police Department Crime Lab and Property Rooms. Em sete áreas de ciência forense, incluindo sorologia, DNA e evidência de pegadas, problemas importantes de manejo insatisfatório foram descobertos em casos que remontam a 1980. Ao revisar 135 análises de DNA, 43 (32%) foram identificadas como tendo problemas importantes de tratamento inadequado, com suspeita de fraude científica intencional.[3]

Comparar um perfil de DNA com amostras encontradas numa cena de crime não é evidência confiável de culpa ou inocência. Consideremos o caso de Yara Gambirasio, conhecido por muitas pessoas. Em novembro de 2010, Yara, de 13 anos, desapareceu de sua casa, em Brembate di Sopra, um vilarejo no norte da Itália. Seu corpo foi encontrado três meses depois em outro vilarejo, a cerca de dez quilômetros de sua casa. Durante dois anos, a investigação se perdeu em diversos becos sem saída. Finalmente, uma compatibilidade foi encontrada. Não era perfeita, mas era bastante semelhante ao DNA masculino encontrado na roupa íntima de Yara. A compatibilidade pertencia a um homem que estava na América do Sul na época do crime, mas isso levou a outra investigação em outra cidade e, no fim, a dois selos postais lambidos por um homem que havia morrido em 1999. "Foi uma coincidência maluca", a investigadora chefe disse aos jornalistas numa ocasião em que estava prestes a abandonar sua única pista promissora. "Não havia conexão", afirmou. "É inacreditável. Esse caso é uma loucura."[4] A história completa tem diversas reviravoltas e, no fim, o crime é solucionado. A pessoa que por acaso viajou para a América do Sul teve sorte de ter tido esse álibi infalível. Sorte do homem morto estar morto.

Os membros do júri devem entender, ou pelo menos ser instruídos pelos juízes para entender, que a análise de DNA é um processo extremamente complexo e delicado, que pode resultar facilmente em identificações de falso positivo ou falso negativo. É inevitável que certa parte da informação seja interpretada e processada como relevante e positivamente incriminatória quando é circunstancial. Qualquer precisão oculta do que aconteceu pode se perder na exatidão de como a análise é interpretada. Da mesma forma, há sempre a possibilidade de que certa parte da informação seja interpretada como dirimente, quando, de fato, é realmente incriminatória.

Em um nível, a análise de DNA requer algum material biológico não contaminado da cena do crime: sangue, esperma, células epiteliais, raiz de cabelo, saliva ou suor. O DNA do ambiente – plantas, insetos, bactérias ou outros seres humanos – contamina frequentemente as amostras. Outra questão é nosso entendimento a respeito da singularidade do teste de DNA. Perguntas devem ser formuladas: quão único é o teste de DNA? É possível que duas pessoas (que não são gêmeos idênticos) compartilhem coincidentemente o mesmo perfil de DNA? A análise de DNA é perfeita?

Pode haver um falso positivo ou um falso negativo? Mesmo em sua forma mais pura ainda há a possibilidade – ainda que uma possibilidade muito pequena – de que as leituras de DNA de duas pessoas distintas (não gêmeas) sejam idênticas. Queremos nos arriscar a executar uma pessoa quando essa pessoa é acusada e condenada exclusivamente com base na evidência de DNA?

Quanto a falsos positivos, que dependem de circunstâncias individuais, suas chances totais foram estimadas entre 100 em 1 e 1.000 em 1,5. Esses são erros no manejo da amostra. O cálculo errado das chances de falsos positivos pode levar a incriminação de pessoas inocentes, sobretudo quando identificadas por meio de amostras de DNA colhidas pela polícia. Os laboratórios raramente, ainda que ocasionalmente, interpretam de modo incorreto os resultados do teste. Podem fazer relatórios incorretos dos resultados do teste porque há a possibilidade de compatibilidade coincidente em virtude de uma probabilidade de compatibilidade aleatória positiva. De modo lamentável, os júris quase nunca recebem estatísticas a respeito da frequência de falsos positivos. No entanto, tanto as chances de compatibilidade coincidente (quando duas pessoas possuem o mesmo perfil de DNA), como as chances de compatibilidade de falso positivo devem ser consideradas para a avaliação justa da evidência de DNA.[6]

Ocasionalmente, a ciência de má qualidade está envolvida. Muita gente acredita que a evidência de uma amostra de cabelo é uma evidência de DNA. Não é. A evidência de DNA só pode ser estabelecida por meio de uma amostra da raiz do cabelo. Na maioria dos casos forenses, a evidência da amostra do cabelo se baseia em observações e comparações subjetivas por meio de microscópio; realmente, uma evidência espúria. Não há maneira científica confiável de determinar o dono de uma amostra de cabelo que não inclua a raiz.[7] No entanto, durante décadas, a justiça confiou em supostos especialistas em amostra de cabelo para testemunho de acusação criminal.

Consideremos os casos de três negros: Donald Gates, Kirk Odom e Santae Tribble. Suas condenações se basearam na evidência da comparação dos cabelos por meio de microscópio, até que a análise de DNA contestou essa evidência. Em 1990, um corpo de jurados que escutou a acusação exagerar a possibilidade estatística de uma compatibilidade de amostras de cabelo condenou Tribble por assassinato.

Ele foi sentenciado a uma pena que ia de 20 anos à prisão perpétua. Cumpriu 23 anos na prisão antes de ser inocentado, tudo por causa de um fio de cabelo encontrado numa touca ninja.[8] Uma compatibilidade? Que compatibilidade? A ciência ainda tem de propor uma distribuição estatística de frequências significativa das características capilares numa amostra populacional.[9] Assim, de onde vem essa evidência científica? Como um especialista reconhecido pode sustentar uma compatibilidade quando, na ausência de DNA nuclear, não há maneira científica de determinar o dono de espécimes capilares na população mais ampla? No entanto, frequentemente ouvimos especialistas dizendo ao corpo de jurados que cabelo comprobatório pode ser associado com um indivíduo específico: "Em minha opinião, baseada na minha experiência em laboratório e tendo feito 16 mil exames capilares, é que esses fios de cabelos são do falecido."[10] Toda e qualquer pessoa pode ter uma opinião. Porém, as opiniões de especialistas na sala de tribunal são muitas vezes consideradas como provas. Isso não é apenas um absurdo; é irresponsabilidade, dada a gravidade da possível prisão de um inocente. Ninguém pode dar uma probabilidade estatística positiva, por meio de análise microscópica, que um espécime capilar específico originou-se de uma fonte específica. Contudo, nas últimas duas décadas, 26 de 28 especialistas do laboratório do FBI enfatizaram em testemunho uma quase certeza na compatibilidade de amostras capilares. No caso de Tribble, um especialista alegou uma compatibilidade "em todas as características microscópicas". Em seus comentários finais, a acusação enfatizou uma estatística falsificada e enganosa: havia apenas "uma possibilidade em dez milhões" que o cabelo não pertencesse ao senhor Tribble.[11]

Infelizmente, os crimes reais não são como aqueles que vemos na TV ou no cinema, onde as análises forenses sempre dão a impressão de ser infalíveis. Mais infelizmente ainda, os jurados reais, em geral, acreditam no que os juízes dizem para eles, e no que escutam e não escutam. Eles escutam os promotores públicos lhes dizer – como fazem sem objeção do juiz – que "a beleza do teste de DNA é que ele pode dar uma certeza de 100%".[12] Nenhum teste forense é 100% certo, mas as pessoas têm uma concepção errada permanente que o DNA dá uma resposta sim ou não definitiva. Na realidade, a análise de DNA depende da validade do teste e do grupo de origem ligado ao suspeito. Contudo, a justiça aceita a evidência forense como se fosse ciência sólida como rocha, sem qualquer consideração completa de suas limitações.[13] Em um caso do Houston Police Department Crime Lab, o analista forense declarou equivocadamente: "Duas pessoas não terão o mesmo DNA, exceto no caso de gêmeos idênticos."[14] Qualquer pessoa com um entendimento instruído de como um perfil de DNA funciona devia saber que essa declaração está longe da verdade. Para a justeza do devido processo legal, o corpo de jurados deve ser informado que há sempre uma pequena porcentagem da população que deve ser compatível com o perfil. A pequena probabilidade de uma compatibilidade não elimina coincidências. Na maioria dos casos envolvendo evidência de DNA, o júri, em geral, recebe dados estatísticos a respeito de compatibilidades coincidentes. Geralmente, ele é informado sobre as chances de um indivíduo não relacionado, selecionado ao acaso, ser compatível com o perfil de DNA do acusado. No entanto, esses números são sem sentido para um jurado que acredita que as chances de, digamos, 1 em 500 mil significam certeza absoluta.

O genoma humano

Recordemos de maneira resumida alguns pontos a respeito do genoma humano, ou seja, a informação genética codificada nos pares de cromossomos de cada núcleo de célula humana. Um cromossomo é um empacotamento de moléculas de DNA no núcleo de uma célula. Uma pessoa possui 23 pares de cromossomos (22 pares e mais 2 cromossomos sexuais), correlacionados como um cromossomo do grupo materno e o outro do paterno. Desde que entendamos que a história completa da informação genética é muito mais complexa do que o texto das próximas páginas, podemos obter um quadro razoável de como identificar uma pessoa por seu DNA.

DNA é o acrônimo de *deoxyribonucleic acid* (ácido desoxirribonucleico, em português), encontrado em células vivas. Pense na estrutura do DNA como uma escada em caracol, uma escada de dupla hélice (Figura 11.1).

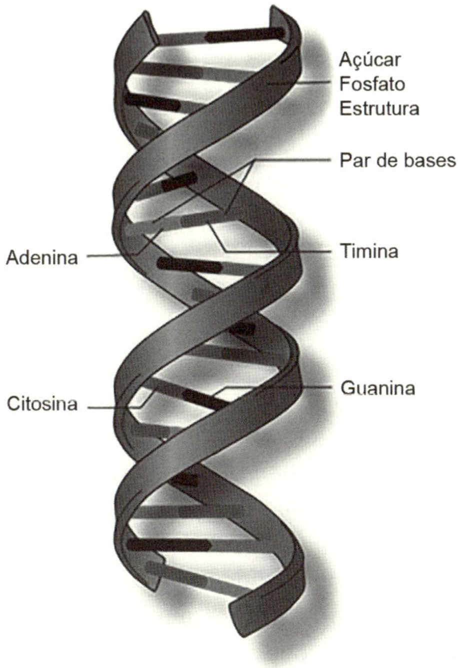

Figura 11.1 – Estrutura de dupla hélice

Cortesia do National Human Genome Research Institute, the National Institutes of Health e do ilustrador Darryl Leja.

Os degraus são compostos de substâncias químicas baseadas em nitrogênio denominadas nucleotídeos ou bases: adenina, guanina, timina e citosina; mais simplesmente simbolizadas pelas letras A, G, T e C. Duas faixas espiraladas compostas de moléculas correlacionadas de açúcar e fosfato formam as laterais da escada. Cada degrau é uma junção de nucleotídeos de cada uma das duas faixas. O arranjo das letras define o genótipo de uma pessoa, ou a identidade genética.

Para descrever as sequências de DNA, primeiro consideramos as repetições curtas em tandem (STRs – short tandem repeats), que são repetições de uma combinação dos quatro nucleotídeos A, T, G e C. São 4 x 4 x 4 x 4 = 256 combinações possíveis de ordem. Pense em arranjar quaisquer quatro sequências das letras A, T, G e C, permitindo a repetição de quaisquer letras. Assim, você teria AAAA, ou AGTC ou qualquer uma das outras 254 combinações. Uma pessoa pode ter um cromossomo com um STR que pode ser AGTT, AGTT, AGTT. Outra pessoa pode ter um cromossomo com um STR que pode ser AGTT, AGTT, AGTT, AGTT. E ainda outra pessoa pode ter seis repetições ou doze. Note que a primeira pessoa tinha apenas três repetições, enquanto a segunda tinha quatro. Isso cria muito mais variação na impressão genética da individualidade em seres humanos. E se adicionarmos o fato de que uma pessoa herda uma sequência de cada cromossomo de sua mãe e outra de seu pai, a possibilidade de que duas pessoas na população mundial (excluindo gêmeos idênticos) tenham o mesmo DNA é próxima de zero, mas não zero. Apenas para dar uma sensação de quão pequena e de quão longa é uma molécula de DNA de dupla hélice numa célula única, considere isso: ela está acondicionada no núcleo de uma célula que é menor que cinquenta milésimos de um centímetro em diâmetro, e, quando é desemaranhada de ponta a ponta, possui dois metros de comprimento. É um acondicionamento inimaginavelmente apertado.

Para uma noção da complexidade do modelo, pense nisso: em cada um dos 23 pares de cromossomos existem cerca de 3 bilhões de sequenciamentos de quatro nucleotídeos, cada um da mãe e do pai.[15] Sem dúvida, um número bastante grande. O problema é que não sabemos quais das 3 bilhões de posições de sequência podem variar.

Para distinguir as identidades de DNA de duas pessoas com uma compatibilidade de 100%, teríamos de comparar cerca de 3 bilhões de pares de nucleotídeos; um processo impraticável e muito custoso. Não fazemos isso. Em vez disso, comparamos uma parcela muito pequena, para achar uma semelhança. Se houver uma compatibilidade nessa porção pequena, estimamos quão provável essa compatibilidade poderá ter ocorrido por coincidência. A questão que fica é a seguinte: quão pequena deve ser a "porção pequena" para nos dar uma sensação confortável que a compatibilidade não ocorreu por coincidência?

Os cientistas forenses concordaram coletivamente com uma *probabilidade de compatibilidade aleatória* baseada em apenas treze STRs distintas. Isto é, sustentaram que podiam identificar uma pessoa por meio de treze STRs distintas distribuídas através do genoma humano. A expectativa é que as não compatibilidades aparecerão nessa amostragem aleatória, entre as treze STRs nos 23 cromossomos humanos. Por que só treze? É uma decisão tomada com base na praticabilidade e na despesa.

O raciocínio dos cientistas é que a quantidade de STRs em cada um dos treze lugares variaria enormemente entre os indivíduos em qualquer população humana. Por exemplo, no cromossomo 3, uma pessoa pode ter herdado cinco repetições da mãe, e outra pessoa pode ter herdado três repetições da mãe e seis do pai. Numa população maior, algumas repetições serão muito raras, mas algumas outras serão bastante comuns. Basta apenas uma diferença para excluir alguém como tendo o mesmo DNA quando este é recuperado em uma cena de crime. Num cromossomo único, as STRs podem não ser tão infrequentes. Na população, uma frequência razoavelmente baixa pode ser, digamos, 0,1. No entanto, multiplique isso pelas frequências de STRs nos treze cromossomos escolhidos, e você descobre que a probabilidade de uma compatibilidade é da ordem de 1 em 1 quadrilhão. Ainda assim, a lista de suspeitos de um crime é um grupo muito menor do que a população de todo o mundo. Assim, os cientistas forenses sentem muita confiança de que, na prática, não há possibilidade de que duas pessoas tenham o mesmo conjunto de cópias. A possibilidade de duas pessoas terem os mesmos pares em todos as treze STRs não é zero, mas, limitada a um grupo de suspeitos de um crime, a chance é extraordinariamente próxima de zero, de modo que podemos presumir que é zero.

Em outras palavras, se os perfis de DNA da cena do crime e do suspeito forem compatíveis, então a evidência apontará para a culpa do suspeito. Por outro lado, se os perfis não forem compatíveis, então a evidência apontará para a inocência do suspeito. Isso é impressão digital de DNA e evidência forense. Qualquer caminho que a evidência apontar, a investigação também deve considerar que os acasos naturais, as coincidências, o comportamento humano e as misteriosas variáveis ocultas complicam rotineiramente os quadros fáceis, sobretudo aqueles que resultam de uma medição única.

A corredora do Central Park

Todo veredito que culpa uma pessoa inocente representa uma mácula para a justiça, mas o caso de estupro de Patricia Meili, corredora do Central Park, com seu momento coincidente e seus caminhos cruzados com um grupo grande de adolescentes latinos e negros, é uma mutilação profunda da justiça. Não houve compatibilidade de DNA, mas cinco dos adolescentes foram condenados por confessarem estar na cena do crime. Passaram de seis a treze anos na prisão até a confissão do verdadeiro estuprador. Um promotor público pode usar a evidência de DNA para obter uma condenação, mas quando a evidência de DNA é contrária a uma condenação ou é usada com o propósito de dirimição, esse mesmo promotor pode afirmar, da maneira que alguns fazem, que "a evidência de DNA nem sempre é a 'solução milagrosa' que se concebe ocasionalmente".[16]

O Ministério Público contou toda a história. Em 19 de abril de 1989, uma gangue de adolescentes entrou no Central Park em busca de confusão. Segundo dizem, o grupo, conhecido pelo nome de "alcateia", estava disposto a promover um "arrastão" naquela noite. Então, os adolescentes se depararam com uma jovem corredora. A alcateia agrediu Patricia Meili até deixá-la desacordada. Depois, arrastaram a moça para uma ravina, atacaram-na sexualmente e a abandonaram inconsciente. A história se tornou explosiva na imprensa porque os acusados eram todos negros, e a corredora tinha 28 anos, era branca e estava tendo uma ascensão profissional muito rápida como executiva no departamento de finanças corporativas do banco de investimentos Salomon Brothers. Patricia, ou Trisha como ela agora se apelida, sofreu uma lesão cerebral traumática que a deixou sem memória do ataque. Tornou-se uma história sensacional e instigante para vender jornais e para atrair telespectadores de telejornais; uma boa história de tensão racional. "Mencione a história da corredora do Central Park para quase todo adulto em Nova York e para milhões em todo país, e eles recordarão o choque que sentiram com o que aconteceu com ela, mesmo quatorze anos depois", Trisha escreveu em sua autobiografia.

Ocasionalmente, o percurso de corrida de Trisha variava. Às vezes, ela corria em áreas pouco iluminadas ao norte da 84th Street. Os amigos tinham a advertido para não correr sozinha à noite; então, ela iniciava sua atividade física na parte norte do parque, no começo da noite. Daquela vez, ela entrou no Central Park pela 84th, e rumou para o norte, para a altura da 102th Street, onde foi brutalmente atacada e estuprada. Com a perda de memória, não havia identificadores de testemunhas oculares, nenhuma evidência de quem poderia ter feito aquilo, nada além de pessoas próximas num momento específico.

A história é sangrenta, sem necessidade de entrarmos em detalhes. Por algum tempo, Trisha lutou pela vida; em seguida, numa condição mais estável, parece que ela sofrera um dano cerebral permanente devido à violência terrível de seus agressores. Ela sofreu um edema cerebral severo, que, de acordo com as previsões dos médicos do centro de medicina intensiva cirúrgica do Metropolitan Hospital, no East Harlem, resultaria em "incapacidade intelectual, física e emocional".[17] Ninguém se recupera completamente de um estupro, sobretudo de um brutal. No entanto, Trisha se recuperou fisicamente. Sua vida profissional, porém, tomou um rumo diferente.

A surra e o estupro foram atribuídos a um grupo de cinco adolescentes negros e latinos. Os detetives e os advogados de acusação os coagiram a assinar documentos contendo evidência incriminatória, que foram aceitos pelo tribunal. Eram apenas garotos que não sabiam nada sobre seus direitos como cidadãos. Por acaso, o caminho deles se cruzou com o de Trisha no momento do estupro. Por isso, em 1990, eles foram condenados, embora as amostras de DNA colhidas na calcinha de Trisha não fossem compatíveis com as amostras colhidas dos acusados.

Em 2002, Robert M. Morgenthau, promotor público do distrito de Manhattan, investigou o caso por possíveis abusos legais. A evidência de DNA revelou que Trisha fora violentada e espancada por Matias Reyes, estuprador condenado a uma pena que ia de 33 anos à prisão perpétua, que confessou ter agido sozinho. Ele já não podia ser acusado porque o crime tinha prescrito. Os cinco adolescentes estavam no parque, coincidentemente perto do local do estupro, não sabendo que o estupro estava acontecendo. Anos depois, após serem inocentados, admitiram que frequentavam o parque e que cometiam alguns crimes, mas nenhum relacionado com o caso de Trisha. Naquele noite, diversas gangues perambulavam pelo parque, às vezes se juntando e outras vezes se dividindo. Eles reconheceram ter espancado um homem e o arrastado para as moitas, onde despejaram cerveja sobre ele. Eles admitiram oito agressões no parque.

Para Trisha, a vida foi interrompida por aquela noite coincidente. Era uma vida que teve outra virada coincidente. O Salomon Brothers não existe mais, e Trisha é uma pessoa diferente. "Fui correr", ela escreveu em sua autobiografia, "e tive minha vida interrompida. Ninguém chega tão perto da morte sem se transformar de alguma maneira. Aprendi a aceitar as mudanças, tanto positivas quanto negativas". Em 2004, ela escreveu:

> Não tenho certeza de por que é assim. Desde então, infelizmente, aconteceram inúmeros espancamentos e estupros (na semana em que fui atacada, 28 outros estupros foram relatados na cidade), mas meu caso é lembrado, enquanto os outros são esquecidos por todos, exceto pelas vítimas e pelos familiares e amigos das vítimas. Talvez seja porque a violência contra mim revelou a depravação mais vil de que os seres humanos são capazes – acreditou-se que a violência fora cometida por um grupo de adolescentes, com idades entre 14 e 16 anos, determinados a se "divertirem" – e também pessoas atemorizadas ao se darem conta que essa crueldade existe em nossa nobre espécie.[18]

Há uma necessidade premente que o público, do qual saem nossos jurados, seja informado sobre como o DNA funciona e como os acasos acontecem, mesmo nas investigações policiais mais cuidadosamente conduzidas. Um espirro pode trazer o DNA de uma pessoa inocente situada a quilômetros de distância por trem ou avião, ou, simplesmente, por meio de uma folha soprada pelo vento. Mesmo um peixe pode chegar a um laguinho recém-criado por meio das ovas aderidas nos pés palmados de uma ave. O público precisa entender as compatibilidades próximas e a metodologia, como fragmentos curtos de sequências de DNA podem ter repetições coincidentes sem função fisiológica aparente, e como se tiram conclusões de possibilidades coincidentes aleatórias de compatibilidade capilar, pegadas, impressões digitais, voz e, sim, erros de identificação de testemunhas oculares.

Os entendimentos completos dos sequenciamentos dos quatro nucleotídeos que constituem o DNA não são tão importantes, mas o conhecimento da facilidade de contaminação, e de que cópias de pares de nucleotídeos são raras em certas populações e mais comuns em outras, podem significar muito para o destino judicial de um suspeito.

A verdade da evidência (culpa ou inocência) pode ser afetada pelas coincidências ocultas; assim, o público jamais deve fazer algum julgamento de culpa ou inocência baseado apenas no perfil de DNA ou na identificação de uma testemunha ocular. Nesse caso, a expectativa é criar um entendimento público da complexidade. Dessa maneira, a mídia e os jurados entendem que a evidência criminal, não importa quão cientificamente seja explicada, nem sempre é tão verdadeira quanto é retratada na sala do tribunal.

Os cinco adolescentes acusados confessaram o crime depois que foram presos.

Por que – você pode estar se perguntando – uma pessoa inocente confessaria um crime que não cometeu? Há uma concepção errada grave a respeito da exatidão da acusação, fomentada pela apresentação da justiça criminal norte-americana na TV e no cinema. Em primeiro lugar, devemos entender que existem cerca de 2,3 milhões de pessoas nas prisões norte-americanas e mais de 2 milhões estão nelas porque aceitaram um acordo com a acusação para relaxamento da pena, para evitar o risco de um julgamento pelo júri, que poderia impor uma sentença máxima. Para os crimes mais hediondos, como estupro e assassinato, o risco fica entre a pena de prisão perpétua e a de morte. Assim, o acusado faz uma análise de custo-benefício, de gestão de risco, ao confessar um crime que não cometeu. É uma opção natural de autodefesa, uma decisão racional, causada pelas pressões de um sistema de justiça criminal imperfeito. Imperfeito, porque um acordo com a acusação quase sempre reconhece a culpa e o jogo sempre se inclina para o lado da acusação. Podemos achar que poucos acusados e inocentes confessariam, mas o Innocence Project relata que 10% dos acusados se confessaram culpados por crimes que não cometeram, e que em cerca de 30% dos casos nos quais os acusados foram inocentados por meio de teste de DNA, assinaram confissões. Muitos dos acusados estão sob pressão e coerção, desconhecem a legislação, não entendem o que estão assinando e, com muita frequência, acham que estão evitando uma sentença mais dura. Os cinco acusados do Central Park eram adolescentes, manipulados, pressionados pelo falso conselho de que poderiam "ir para casa" assim que admitissem a culpa.

Uma confissão por meio de acordo com a acusação oferece a alguém, com recursos limitados e outros problemas, uma maneira de conseguir uma sentença menor. Nas palavras de Jed S. Rakoff, juiz da comarca do Southern District, de Nova York: "Todo advogado de defesa criminal (...) teve a experiência de um cliente que primeiro afirma ao seu advogado que é inocente e, então, quando confrontado com uma apresentação prévia da prova do governo, diz que é culpado. (...) No entanto, às vezes, a situação se inverte, e o cliente, nesse caso, mente ao seu advogado, dizendo que é culpado quando de fato não é, pois ele decidiu 'assumir a culpa'. (...) Raramente, porém, os [norte-americanos] contemplam a possibilidade de que o acusado pode ser inocente de qualquer acusação, mas está sendo coagido a pleitear um delito menor porque as consequências de ir a julgamento e perder são muito graves para o risco ser assumido."[19]

Dirimições de culpa dos inocentes

Os Estados Unidos têm a maior população carcerária do mundo, correspondendo a pouco menos de um quarto de toda a população carcerária mundial.[20] A maior parte das detenções são por crimes não violentos. Durante a escrita deste livro, cerca de 2,3 milhões de pessoas estavam detidas em prisões federais e estaduais dos Estados Unidos, sendo que mais de 840 mil (quase 37%) eram afro-americanos. Desde 1970, representa um aumento de 546%, e um crescimento insustentável de mais de 50% apenas nos últimos seis anos.[21] Significa que 1 em 100 adultos norte-americanos estão atrás das grades, deixando 1 criança em 28 com um pai ou mãe preso, a um custo espantoso de 260 bilhões de dólares por ano.[22] Uma loucura desumana, que desperdiça o potencial humano. Algumas pessoas acreditam que o encarceramento em massa é a causa da redução drástica das taxas de criminalidade. (Desde seu pico em 1991, a taxa de crimes violentos diminuiu 51%, e de crimes contra o patrimônio, 57%.) O que parece lógico nem sempre é válido. As causas não são tão evidentes. Coincidência ou acaso, sabemos que existem variáveis ocultas às centenas que podem ser responsáveis pela redução drástica das taxas de criminalidade. Um recente estudo do Brennan Center for Justice, com análise empírica, extensiva, rigorosa e sofisticada, utilizando o conjunto de dados abrangente mais recente, conclui que "com as atuais taxas elevadas de encarceramento, continuar a encarcerar mais pessoas não tem quase nenhum efeito na redução dos crimes".[23] Esse estudo de 140 páginas é impressionante em seu escopo, utilizando um método matemático para distinguir os efeitos de cada variável, em comparação com outros. É excelente para estabelecer uma correlação, mas fecha os olhos para a causalidade.

Sem dúvida, sabemos que existem causas, mas não as conhecemos com certeza. Assim, sem dúvida, não podemos afirmar que maior encarceramento leva a um redução das taxas de criminalidade. O encarceramento contribui muito para a dissolução familiar; crianças inocentes são prejudicadas psicologicamente; e sem reabilitação intensiva o ex-prisioneiro achará difícil aprender como se tornar um contribuinte empregável para a sociedade. O que podemos afirmar com certeza é que os Estados Unidos encabeçam as taxas mundiais de encarceramento documentado per capita, atrás apenas de Rússia e Ruanda. Apresentam a maior porcentagem de pessoas presas do que qualquer outra democracia no mundo, com um quarto da população carcerária total do mundo. Em 2014, nos Estados Unidos, 515 das 1.409 dirimições de culpa de inocentes foram de prisioneiros no corredor da morte. É uma taxa espantosa de 16,8%. Desde 1976, ocorreram 1.386 execuções e apenas 144 dirimições de vereditos de condenados à morte.[25] Isso significa que, desde 1976, quase 1 em 10 pessoas não devia ter sido enviada ao corredor da morte.

A Suprema Corte norte-americana expressou sua justificativa moral da pena de morte com a afirmação de que a pena capital é admissível numa sociedade avançada desde que existam salvaguardas processuais em vigor que reduzam o risco da execução de inocentes.[26] Nessa última frase, a palavra-chave é: reduzam. No entanto, o risco de execução de um inocente não pode ser eliminado completamente. Assim, se aceitássemos a máxima de Maimônides, como expressa na epígrafe deste capítulo, parece claro que a pena de morte deveria ser abolida. Em 2008, John Paul Stevens, ex-juiz da Suprema Corte, chegou a essa conclusão, quando afirmou que a justificativa da corte a respeito da pena de morte não é "tolerável numa sociedade civilizada".[27] Independentemente de como o argumento é forjado, a questão não envolve uma cadeia rigidamente lógica de argumentos científicos inferenciais. Sempre existirão falsos positivos e falsos negativos; sempre existirão pessoas inocentes condenadas à morte e pessoas culpadas libertadas. As variáveis do comportamento e da natureza são muitas e bastante complexas para amarrar decisões humanas que podem ou não ser guiadas pelo fato. Nenhum sistema legal tende a ser capaz de eliminar o risco de executar inocentes. Em agosto de 2014, nos Estados Unidos, existiam 3.070 presidiários no corredor da morte.[28] Um estudo recente estima que perto de 123 deles podem ter sido condenados por engano.[29]

Eu aceito a máxima de Maimônides. E concordo com a opinião de John Paul Stevens de que é improvável que eliminemos alguma vez o risco de executar pessoas inocentes. No entanto, iria mais longe e diria sem receio que, para o futuro próximo, será impossível eliminar o risco. Por quê? Porque estamos lidando com bilhões de variáveis, que dependem de circunstâncias circundantes, misturadas com a natureza humana, misturadas com o desempenho eletroquímico extraordinariamente complexo de uma sopa espessa de neurônios atuando num ambiente com bilhões de variáveis.

Em 2009, um estudo do Innocence Project descobriu que, em 239 condenações que acabaram com os acusados inocentados por meio de teste de DNA, 179 foram inicialmente condenados por erro de identificação de testemunhas oculares.[30] Em 2013, a quantidade de condenados inocentados por meio de teste de DNA subiu para 250.[31] Em 114 casos, o criminoso verdadeiramente culpado (por meio de suposta evidência de DNA) cometeu crimes violentos, enquanto a pessoa condenada por engano cumpria pena na prisão.[32] Durante a escrita deste livro, ocorreram 1.587 casos nos Estados Unidos de condenados inocentados nos últimos cinquenta anos.[33] Quase todos os dias lemos a respeito de outro caso. Descobrimos que pessoas são acusadas por testemunhas relutantes retidas às vezes em delegacias e outras vezes em quartos de hotel. Descobrimos que ficam retidas até concordarem em testemunhar. Descobrimos que os advogados de acusação são aconselhados a não anotar quando suas testemunhas dão declarações inconsistentes, de modo a evitarem evidência potencialmente escusatória.[34] Descobrimos os erros da polícia e da conduta imprópria dos promotores públicos. Descobrimos as evidências provando inocência definitiva, que nunca são transmitidas aos advogados de defesa. Descobrimos as confissões manuscritas pela polícia após interrogatórios de suspeitos sem a presença de advogados. Descobrimos condenações que não possuem evidência física ligada aos crimes. E nos perguntamos se a Constituição possui o direito moral de permitir a pena de morte. Maimônides percebeu o problema na Idade Média. Sua máxima moral, "é melhor e mais satisfatório absolver mil pessoas culpadas do que condenar a morte um único inocente", é tão sensata hoje como foi na ocasião.[35]

Capítulo 12

Descoberta

Nos campos da observação, o acaso só favorece a mente preparada.
– Louis Pasteur[1]

As grandes invenções e descobertas podem ser impulsionadas por uma proverbial interjeição de satisfação. No entanto, às vezes, essa interjeição é impulsionada por algo que dá errado ou algo que acontece sem causa aparente – algum tipo de interferência de um ingrediente no laboratório que fez parte de uma experiência diferente, uma ferramenta que teve uma estreia oportuna no mercado, ou algo que dá errado na experiência.

Os químicos estudaram as ligações covalentes durante séculos antes de saber algo a respeito de por que ou como essas ligações funcionavam. Antes do século XX, não sabiam nada a respeito de elétrons compartilhados, porque não sabiam sobre os elétrons. Contudo, foram capazes de produzir química admirável sabendo como os átomos e as moléculas interagiam e se transformavam para criar novos compostos. Foram capazes de analisar as reações das moléculas e as transformações sob calor e luz, e até elaborar compostos complexos, incluindo polímeros e ligas metálicas, sem nunca entender o papel crítico que os elétrons desempenhavam na criação das ligações necessárias. Entendiam que os gases sempre reagiam num relacionamento equilibrado de proporções mútuas. Tudo sem saber que os elétrons tinham algo decisivo a ver com as reações e as ligações.

Essas foram descobertas científicas de pessoas extraordinárias, que, por meio de alguma sorte inexplicável, encontraram acasos e coincidências oportunas e as reconheceram sensatamente como pistas referentes às respostas das grandes questões. Mostraram que acontecimentos não planejados podem ser tão úteis para a descoberta como as hipóteses propositadas. Mostraram que os acidentes nas observações científicas podem moldar a maneira pela qual pensamos a respeito do que vemos e podem mudar o mundo para melhor. Existem muitas dessas histórias, incluindo como alguns corantes acidentais de William Perkins contribuíram para o entendimento da imunologia e quimioterapia; a descoberta da penicilina por meio do trabalho de Alexander Fleming, Howard Florey e Ernst Chain, em cujo laboratório desordenado uma cultura de estafilococo foi contaminada por um fungo, que, por acaso, cercou e destruiu o estafilococo. Consideremos também a história de Alan Turing, Ralph Tester e outros decifradores de código da Segunda Guerra Mundial de Bletchley Park, cuja decifração do "indecifrável" código Enigma desempenhou um papel significativo em que lado ganharia a guerra. Eram pessoas superdotadas, mas graças a um pouco de sorte a partir de alguns erros de codificação alemães, os criptógrafos ingleses foram capazes de descobrir a lógica das máquinas de codificação alemãs. O conhecimento adquirido não só ajudou os aliados a ganhar a guerra, mas também ajudou na invenção dos primeiros computadores parcialmente programáveis do mundo.

Em 1869, Dmitri Mendeleev teve um sonho em que sustentou ter arranjado os elementos numa tabela de acordo com seus pesos atômicos.[2] Na manhã seguinte, ao acordar, ele criou a tabela periódica. Era uma época em que as agências de meteorologia nacionais estavam começando a coletar dados a respeito de temperaturas, precipitações e outros dados climáticos que podiam ser confiáveis. Naquele tempo, a química não era sobre o átomo. Ela já recebera suas raízes científicas quase cem anos antes, quando Antoine Lavoisier descobriu o papel do oxigênio na combustão e estabeleceu que a massa sempre se conserva. No entanto, em 1869, quando Mendeleev publicou sua tabela periódica, a química estava voando às cegas em suas experiências, não sabendo nada a respeito dos mecanismos internos do átomo. Era uma época simples, quando as ferrovias ligavam cidades de toda Europa e Rússia, embora ainda não fosse nada fácil viajar entre os países. E São Petersburgo, cidade das noites brancas, onde Mendeleev vivia e lecionava, cidade de alta-costura, aristocratas ricos e entretenimento excitante, também era um lugar insalubre e superpovoado, com água ruim, desnutrição, saneamento insatisfatório e doenças.[3] Naquele mesmo ano, Friedrich Miescher, médico suíço, isolou o DNA do pus de bandagens cirúrgicas usadas. Naquela época, Miescher, também voando às cegas, não sabia que era uma molécula hereditária que codificava instruções genéticas, mas isso preparou o terreno para o entendimento de que o DNA é o portador da herança genética.

Na mesma época, aproximadamente, diversos físicos estavam fazendo experiências com tubo de Crookes; ou seja, um tubo de vidro, soprado, sob vácuo parcial, com eletrodos em cada extremidade no interior do mesmo. As experiências tentavam entender a incandescência no interior dos tubos. Atualmente, sabemos o que acontece quando se aplica uma alta tensão num tubo de Crookes contendo gases rarefeitos: uma pequena quantidade de moléculas gasosas carregadas (íons positivos), em busca de elétrons, é excitada e colide com outras moléculas gasosas, removendo alguns elétrons para criar outros íons positivos. Então, os íons positivos são atraídos para o terminal elétrico negativo. Quando atingem a superfície do terminal metálico, removem uma grande quantidade de elétrons. Atraídos ao terminal positivo, os elétrons se movem através do tubo, formando um raio incandescente; ou seja, um *raio catódico*. Durante mais de trinta anos de experiências, os cientistas utilizaram diversos gases, sem qualquer entendimento mais profundo do que realmente estava acontecendo. Eles não sabiam nada sobre partículas negativamente carregadas; isto é, os elétrons dentro dos átomos do gás. E não sabiam nada a respeito do que estava causando a própria luz. Informações esclarecedoras vieram de acasos ou coincidências que eles não entendiam. Um tubo apresentava uma incandescência vermelha; outro, verde. Havia pouco entendimento fundamental do motivo. Por exemplo, não sabiam que, no vácuo parcial, muitos elétrons de massa muito baixa e trajetórias diretas ao terminal positivo estavam sendo atraídos com uma força linear e uma velocidade incrementadas. Quanto mais perto aqueles elétrons chegavam do terminal positivo, maior a atração. Atualmente, sabemos que esses elétrons, dirigindo-se para o terminal positivo, alcançam velocidades relativamente próximas da velocidade da luz. Alguns passam direto pelo terminal positivo e atingem os átomos do vidro do tubo, impelindo seus elétrons orbitantes a níveis maiores de energia por um instante, antes de recuarem aos seus níveis de energia originais. Ao recuarem, partículas elementares de luz (fótons) são emitidas e, assim, o vidro brilha com um tipo de luminescência amarelo esverdeada.

A fluorescência dos raios X; ou seja, a emissão de *luz* por *radiação eletromagnética*, é um pouco mais complicada. Wilhelm Conrad Röntgen descobriu o raio X por acaso, fazendo experiências com correntes elétricas num recipiente de vidro sob vácuo parcial. Por acaso, uma tela revestida com platinocianeto de bário (material fluorescente) estava montada em seu laboratório para uma experiência diferente. Se a tela não estivesse ali, quem sabe quantas pessoas teriam suas vidas abreviadas devido ao atraso da descoberta do raio X e de seus usos. Röntgen não estava olhando para a tela, situada a alguma distância. Não havia o que olhar já que não estava relacionado a seu experimento, até que viu algo com o canto de um olho. Algo aconteceu que deu a impressão de ser independente de sua experiência. Foi um acaso, mas um acaso de muitas consequências.

Percorramos com os olhos o laboratório de Röntgen, na Universidade de Würzburg, como era em 8 de novembro de 1895.[4] Uma grande janela dava vista para uma avenida estreita com bordos, que tinham perdido a maior parte de suas folhas. Mesas de mogno compridas e estreitas, de diferentes alturas, estendiam-se junto a uma parede à luz da janela. Uma coleção desordenada de instrumentos, metais, motores, frascos de todos os formatos e bobinas está sobre as mesas. Há um relógio de pêndulo na parede, ao lado de uma prateleira com fios dependurados de distintos comprimentos. Tubos de vidro apoiam-se precariamente uns contra os outros em uma mesa. Uma luminária elétrica, com uma lâmpada incandescente, pendurada no teto, está ligada por meio de um fio a uma tomada perto do relógio na parede. O restante do recinto está quase vazio. Com exceção da claridade proporcionada pela luz do lado de fora, não parece diferente de quase nenhum outro laboratório de química do século XIX. Não há cortina na janela.

O homem no laboratório é Röntgen. Ele tem 50 anos. Seus cabelos são espessos e pretos. Sua barba é longa e preta, começando a ficar grisalha. Desde o início de 1895, ele fazia experiências com eletricidade, disparando cargas eletrostáticas através de tubos de vidro sob vácuo parcial. Em 8 de novembro, ele faz experiências com raios catódicos, que criavam uma incandescência visível em recipientes de vidro. Os raios não são visíveis fora do vácuo parcial. Assim, a pergunta natural que o preocupa: alguns desses raios invisíveis podem escapar do recipiente de vidro?[5] Numa tentativa de bloquear a transferência de raios ou de identificar raios em fuga através do recinto, ele cobre o recipiente com uma proteção de papelão e escurece o laboratório. No recinto, a tela brilha, e, ao controlar o vácuo e a corrente no recipiente de vidro, ele consegue controlar o brilho da tela. O brilho é fraco. Experiência após experiência, o resultado é o mesmo. Mesmo afastando a tela para mais longe, o resultado ainda é o mesmo. Quando o laboratório está totalmente no escuro, o resultado é igual. O recipiente de vidro é protegido ainda mais, e o resultado é exatamente o mesmo. A luz oscilante na tela só pode ter sido o resultado da luz dos raios catódicos resultante da corrente elétrica no recipiente de vidro. Significa que os raios passaram através da proteção e zuniram através do ar, atingindo a tela e a iluminando. É um novo tipo de raio, nunca antes descoberto, um raio desconhecido.

Como *x* tinha sido usado para designar a incógnita em matemática desde que Descartes a introduziu, Röntgen decidiu chamar esses novos raios de "raios X". James Clerk Maxwell e Michael Faraday já tinham previsto a existência de ondas eletromagnéticas invisíveis, que podiam se deslocar através do espaço livre ao longo de certa distância. Três anos antes da descoberta dos raios X por Röntgen, Heinrich Hertz fez experiências e demonstrou que os raios catódicos podiam atravessar folhas metálicas finas. Enquanto isso, Hermann von Helmholz desenvolvia equações matemáticas para raios X teóricos, formulando a hipótese de que raios X reais existiam e podiam se deslocar na velocidade da luz.

Imagine a surpresa de Röntgen quando tentou bloquear os raios posicionando sua mão entre o recipiente e a tela, e viu os ossos de sua mão na tela: uma imagem de esqueleto! Ele estava espiando seu próprio corpo. Das biografias que foram escritas muito depois de sua morte, tomamos conhecimento que ele não teve a intenção de posicionar uma parte do corpo entre o recipiente e a tela.[6] Simplesmente, aconteceu. Muito provavelmente, ele foi a primeira pessoa a fazer isso. Röntgen tentou bloquear os raios com outros objetos: madeira, metal, papel, borracha, livros, panos, platina e todos os tipos de objetos domésticos. Alguns objetos permitiram que os raios os atravessassem livremente; outros os bloqueavam. Uma fotografia de um carretel de madeira com arame mostrou só o arame, com apenas uma sombra débil do carretel. Numa experiência subsequente, ele testou a transparência dos raios X em folhas de alumínio com 0,0299 mm de espessura, empilhando folha sobre folha. Röntgen não conseguiu perceber muita diferença em transparência entre 1 e 31 folhas, e distâncias pequenas da tela revestida com platinocianeto de bário também não fizeram grande diferença. Os raios X eram capazes de atravessar tecido vivo desobstruído, mas não ossos ou alguns metais, como chumbo. Conseguiam atravessar madeira, mas não moedas. Röntgen logo teve a brilhante ideia de substituir a tela por uma chapa fotográfica. Ele emitiu raios X através de uma caixa de madeira fechada com uma moeda no interior, para capturar uma fotografia nítida apenas da moeda, como se a caixa não estivesse ali. Também fotografou a mão de sua mulher Bertha. Ela conseguiu ver os ossos dos dedos e o anel que estava usando. A foto ficou bastante famosa após um jornal de Viena publicá-la.[7] Provavelmente, foi a primeira foto tirada do interior de uma mão viva. Para alguns, era um fenômeno curioso, e, para outros, era uma piada. Diária, semanal e mensalmente, os jornais se ocuparam de publicar artigos a respeito da nova fotografia. A revista *Life* publicou uma charge satirizando o novo tipo de fotografia que levava a imaginação a extremos.

Um poema satírico foi publicado em uma outra edição da *Life*.[8]

Ela é tão alta, tão esbelta, e seus ossos
Aqueles fosfatos frágeis, aqueles carbonatos de cálcio
São bem exibidos por raios catódicos sublimes,
Por meio de oscilações, ampères e ohms.
Sua vértebra dorsal não é escondida
Pela epiderme, mas é bem revelada.

Barbara Goldsmith, em seu livro *Obsessive Genius* [Gênio obcecado], escreve: "Quando os raios X ganharam o mundo logo se tornaram assunto de caricaturas: maridos espionando suas mulheres por meio de raios X através de portas trancadas; binóculos de teatro de raios X que revelavam corpos nus sob as roupas... Uma firma de Londres começou a vender ternos à prova de raios X".[9]

As grandes descobertas científicas têm antepassados científicos, algumas mais do que outras. Raramente acontecem por investidas diretas. A maioria requer tentativas repetidas, e algumas têm êxito por causa de um acaso simples que ocorre ao longo do caminho. Podem vir acidentalmente, começando através de um acaso, mas quase sempre –

ou talvez sempre – seguiram pistas claras apontadas por alguma teoria conjeturada ou conhecida. Eis por que não há motivo para desconfiar que a descoberta de Röntgen não teria acontecido se a tela revestida com platinocianeto de bário não estivesse ali. Outros físicos estavam estudando os efeitos dos raios catódicos, sendo seguro dizer que a pesquisa naquela área, no fim do século XIX, era bastante estimulante. O físico inglês William Crookes (cujo nome foi dado ao tubo de vidro soprado sob vácuo parcial como uma homenagem) foi capaz de produzir um feixe de radiação vindo do cátodo para, por meio disso, descobrir os raios catódicos, e iniciar um frenesi de pesquisa na área. Ao utilizar cátodos côncavos para focar raios catódicos, Crookes foi capaz de produzir energia suficiente para gerar alguns raios X, embora perdendo grande quantidade de energia como calor. Ele achou estranho que algumas chapas fotográficas não expostas guardadas nas proximidades ficassem veladas. Sem pensar muito, ele devolveu as chapas para o fabricante, reclamando que estavam com defeito.[10] E, em 1888, Philipp Lenard utilizou tubos de raios catódicos em experiências com radiação ultravioleta de alta frequência. Se ele tivesse um vácuo bastante baixo dentro do tubo, e gerasse uma tensão maior, teria gerado raios X suficientes para detectar a fluorescência fora e além da extremidade de quartzo de seu tubo. No entanto, a pressão do vácuo não era bastante baixa e a tensão não era bastante alta. Assim, ele jamais detectou os raios X que gerou.

Michael Faraday considerou a fluorescência quando, em 1838, começou a trabalhar com potenciais elétricos por meio de tubos de vidro sob vácuo parcial. Na sequência, jovens físicos alemães fizeram experiências com tubos de vidro sob vácuo parcial de todos os tipos e formatos. Eles usaram neon, argônio e até vapor de mercúrio em altas tensões. Em 1857, Heinrich Geissler, físico alemão, começou a colocar eletrodos metálicos em cilindros de vidro soprado sob vácuo parcial para mostrar luzes incandescentes. Porém, em todos esses anos, com todos esses cientistas perspicazes trabalhando em laboratórios de universidades relativamente bem equipados, similares ao de Röntgen, a observação acidental de uma ação à distância, uma luz débil fugidia à curta distância do tubo, um raio X, nunca foi localizada. Eles não detectaram a radiação eletromagnética desse comprimento de onda curta, que conseguia produzir um vislumbre de luz débil fora de seus tubos de vidro.

Nunca saberemos o quão próximos chegamos de um atraso na descoberta dos raios X, e só podemos supor (porque os dados são muito distorcidos para dar evidência) que, nas últimas doze décadas desde a descoberta de Röntgen, "os raios X salvaram mais vidas do que as balas destruíram".[11] Se a descoberta não tivesse ocorrido em 1895, é bastante provável que a natureza interna do átomo só fosse descoberta pelo menos uma década depois, e essa falta de conhecimento teria retardado as grandes descobertas que viriam em cadeia, levando até a todas as grandes mudanças no mapa-múndi como o conhecemos hoje. A descoberta real de Röntgen foi contada e recontada. Ele deu poucas entrevistas. Um dos relatos mais respeitados vem de H.J.W. Dam, repórter de ciências da *McClure's Magazine.*[12] É um belo artigo, cheio de detalhes e descrições de Röntgen, seu laboratório e sua experiência:

> "Então, professor", digo, "o senhor vai me contar a história da descoberta?"
>
> "Não há história", ele respondeu. "Durante muito tempo, fiquei interessado no problema dos raios catódicos de um tubo sob vácuo, como estudado por Hertz e Lenard. Segui as pesquisas deles e de outros com grande interesse, e decidi, assim que tivesse tempo, fazer algumas pesquisa por minha conta. Encontrei esse tempo perto do final de outubro. Já estava trabalhando há alguns dias quando descobri algo novo."
>
> "Qual foi a data?"
>
> "Oito de novembro."
>
> "E qual foi a descoberta?"
>
> "Estava trabalhando com um tubo de Crookes coberto por uma proteção de papelão preto. Um pedaço de papel revestido com platinocianeto de bário estava sobre a bancada ali. Passei uma corrente através do tubo e notei uma linha preta estranha através do papel."
>
> "E qual o significado disso?"
>
> "O efeito foi um que só pode ser produzido, em linguagem comum, pela passagem da luz. Nenhuma luz pode vir do tubo, pois a proteção que o cobria era impermeável a qualquer luz conhecida, até aquela do arco elétrico."
>
> "E o que o senhor achou?"
>
> "Não achei nada; eu investiguei. Supus que o efeito devia ter vindo do tubo, pois seu caráter indicou que não podia vir de nenhum outro lugar. Eu testei isso. Em poucos minutos, não tive dúvida disso. Os raios estavam

vindo do tubo, que tinha um efeito luminescente sobre o papel. Experimentei com sucesso em distâncias cada vez maiores, até a dois metros. A princípio, pareceu um novo tipo de luz invisível. Era, sem dúvida, algo novo, algo desconhecido."

"É luz?"

"Não."

"É eletricidade?"

"Não em qualquer forma conhecida."

"O que é?"

"Não sei."

E assim o descobridor dos raios X declarou calmamente sua ignorância a respeito da essência de sua descoberta, assim como todos que escreveram a respeito do fenômeno até aqui.

Outros relatos fazem referências claras ao papel revestido com platinocianeto de bário, que estava por acaso sobre uma mesa a alguma distância, e à casualidade da descoberta. Em outros relatos de segunda mão, a tela revestida com platinocianeto de bário estava sobre a mesa porque Röntgen achava que ela era mais eficiente do que outros revestimentos fluorescentes.[13] Em 1896, em sua palestra na Sociedade Físico-Médica de Würzburg, ele contou como observou pela primeira vez a fluorescência do papel revestido com platinocianeto de bário, como descobriu que a fluorescência aparecia só quando uma carga atravessava o tubo de Crookes coberto, e como aquele mesmo fenômeno aconteceu mesmo quando o papel revestido fluorescente foi posto mais longe.[14] Então ele disse: "Por acaso, descobri que os raios penetravam no papel preto. Então, usei madeira, papel, livros, mas ainda acreditava que eu era vítima de engano. Finalmente, usei fotografia e a experiência chegou com êxito ao ponto máximo."[15] Em 22 de dezembro de 1895, as fotos, como a que aparece na Figura 12.1, circularam em jornais de todo o mundo.

Pouco depois, a ideia foi aplicada à medicina, permitindo que médicos observassem o interior do corpo humano em busca de tumores, abcessos, cavidades, estruturas ósseas etc., o que não podia ser descoberto por meios convencionais. Não está claro se Röntgen teve uma noção proficiente da extensão do valor que sua técnica teria em diagnósticos médicos de doenças internas.

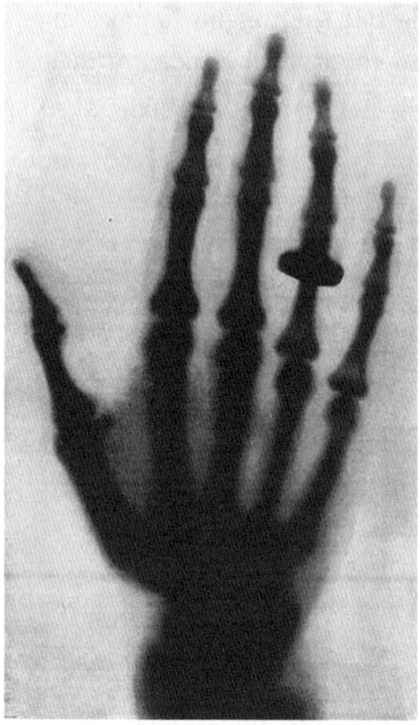

Figura 12.1 – Radiografia de Röntgen por meio de raios X da mão de uma mulher, mostrando os ossos, as unhas e o anel.

Röntgen tinha intenção de voltar às experiências planejadas que envolviam a tela, mas ficou tão preso às suas experiências com raios X que não o fez.

Com o século XIX chegando ao fim, os cientistas ainda não sabiam quase nada a respeito da estrutura interna do átomo. Por séculos, os cientistas sabiam sobre a eletricidade. Sabiam como gerá-la. Em 1880, lâmpadas incandescentes de um tipo ou outro iluminavam as ruas de Londres, Paris, Moscou e Estados Unidos. Os cientistas até sabiam que forças e energia permeavam todo o espaço. E de Faraday e Maxwell, tinham conhecimento da teoria de onda eletromagnética. No entanto, os elétrons só foram descobertos em 1897, invalidando a antiga ideia de que o átomo era a menor parte de qualquer coisa. Como as correntes elétricas eram conduzidas em fios de um ponto para outro ainda era um mistério. O sucesso da química diante desse mistério é bastante surpreendente, considerando que a química tinha sido bem-sucedida um século antes. E embora os raios catódicos e os raios X estivessem comprovados na teoria, ninguém naquela época tinha realmente "mostrado" sua existência. O verbo "mostrar" como usado na última frase não necessariamente significava visível por meio de algum instrumento, como um microscópio. A ciência tinha muitos exemplos de fenômenos científicos que não podiam ser vistos por instrumentos. E, naquela época, ninguém sabia como os fluxos fluorescentes de eletricidade iam de um terminal de um tubo de Crookes para o outro.

Em 1897, as experiências de J.J. Thomson com raios catódicos revelaram que os raios não eram átomos fluindo de um terminal para o outro; eram, mais precisamente, componentes materiais de átomos. Os átomos não eram mais apenas bolas sólidas, que não tinham partes. Era previsto que os prótons e os elétrons existissem, pois, embora não pudessem ser vistos, podiam ser medidos por meio de seu efeito nos instrumentos. Em 1934, numa entrevista, Thomson perguntou de forma retórica: "Pode algo à primeira vista parecer menos prático que um corpo tão pequeno que sua massa é uma fração insignificante da massa de um átomo de hidrogênio, que, em si, é tão pequeno, que um grupo desses átomos que correspondesse a quantidade da população mundial seria tão pequeno para ter sido detectado por qualquer meio conhecido da ciência na época?"[16] Nas décadas seguintes, a ciência não chegaria a saber quase nada a respeito do átomo e absolutamente nada a respeito de elétrons e prótons, para um entendimento de alguns dos segredos mais profundos do universo material e dos mecanismos internos do átomo. Em 1939, a ciência descobriria a fissão nuclear, mas ainda hoje os elementos básicos do núcleo atômico permanecem misteriosos, consistindo de partículas chamadas de forma confusa de "quarks up" e "quarks down", cada um uma massa vibrante de partes ainda menores, todas mantidas juntas por uma força poderosa.

Há muitos acasos clássicos de descoberta científica na história popular da ciência: a descoberta do quinino, remédio contra a malária, por um índio sul-americano sofrendo de malária, que bebeu água perto de uma árvore denominada quina; como a insulina foi descoberta a partir da observação de moscas voando sobre o pâncreas removido de um cachorro; e histórias a respeito de Descartes inventando a geometria analítica deitado na cama, observando uma mosca. Há diversas histórias envolvendo invenções químicas que são mais invenções tecnológicas do que descobertas de ciência básica. Elas merecem menção honrosa, mas não são incluídas aqui pelo simples motivo concisamente expresso por Louis Pasteur: "O acaso só favorece a mente preparada."[17] Além disso, muitas dessas história são contadas fora do contexto das notas originais de um cientista. Facilmente, o exagero encontra seu lugar numa história por meio do pensamento fantasioso. É o pano de fundo natural de uma narrativa. Antes de algo ser alcançado, há sempre uma acumulação de trabalho primário básico. Examine a história real de uma descoberta e você quase sempre encontrará a descoberta observando sobre os ombros coletivos de gigantes. Mesmo a famosa frase de Isaac Newton – "Se vi mais longe foi por estar sobre os ombros de gigantes" – não era original. De fato, Newton escreveu isso numa carta para Robert Hooke, em 1676.[18] Seu criador foi Bernard de Chartres, filósofo neoplatônico francês do século XII, que comparou sua geração "a anões [insignificantes] empoleirados sobre os ombros de gigantes". Bernard destacou que os gigantes podiam enxergar mais e mais longe que os gigantes, não porque tinham visão mais aguçada ou estatura maior, mas porque "são erguidos por sua grande altura".[19] Sem dúvida, há alguns que podem estar sobre os ombros de gigantes e não ver longe, e há outros que talvez não precisem de gigantes, pois estão sobre os ombros coletivos de muita gente com um propósito especial. Prefiro o reconhecimento de gigantes de Steven Weinberg. Em seu excelente livro de ensaios a respeito da física moderna e da política científica, *Lake Views*, ele escreve: "Reconhecemos que nossos precursores científicos mais importantes não eram profetas, cujos textos devem ser estudados como guias infalíveis. Eram apenas grandes homens e mulheres, que prepararam o terreno para o melhor entendimento do que agora alcançamos."[20]

O bolor pode ter estado sobre a placa de petri do laboratório de Alexander Fleming, mas o fato de estar ali em primeiro lugar me faz desconfiar de que havia algum propósito de ligação. Não se desenvolveu sobre um pedaço de pão úmido, como alguns relatos folclóricos descreveram. Foi sobre uma placa de petri! Os propósitos de ligação guiam a descoberta científica. Assim como macacos tentando escrever um verso de Shakespeare, o casual visa quase sempre não acertar seus alvos.

Capítulo 13

Risco

Raramente, a sorte vem sem o risco da possibilidade de perda num universo de acasos antagônicos. Apostar nos mercados acionários é um jogo, como o pôquer, em que você calcula as probabilidades de receber uma mão promissora, avalia o risco de não conseguir uma boa mão com o que pode acontecer de você perder uma bolada, e avalia as chances de sua mão ser melhor do que a de seu oponente. Isso é o que acontece nos mercados financeiros. Você compara o risco que está disposto a correr com o retorno que talvez obtenha. Você compra e vende uma ação de acordo com avaliação e julgamento, considerando seus ganhos passados e atuais, seu potencial de crescimento e sua concorrência. Você estuda o balanço patrimonial. No fim, seu investimento, independentemente de quão perspicaz seja, ainda é um risco. Mais do que tudo, é autoilusão.

Você pode estar pensando que os especialistas em engenharia financeira, os analistas de fundos *hedge*, que utilizam análise quantitativa para apontar o caminho através de mercados em alta e em baixa, sabem como lucrar. Eles participam do jogo das finanças de maneira muito astuta, mas ainda recorrem ao pensamento baseado no desejo. Ganham dinheiro perseguindo a volatilidade das ações induzida pelos pequenos investidores que compram e perdem. Talvez esteja tudo bem com isso. No entanto, quando instituições financeiras compram e vendem grandes volumes, suas transações podem impulsionar ondas poderosas, ressonantes, que podem derrubar a economia mundial.

Atualmente, o mercado é quase totalmente global: mudanças climáticas no Pacífico podem afetar os mercados de grãos em Chicago;

secas no Meio Oeste dos Estados Unidos podem afetar as vendas de implementos agrícolas no Canadá; cheias no Mississippi podem exaurir florestas no Brasil. Conflagrações climáticas estão no centro do risco. Não é necessário mais do que uma pessoa, propensa a comportamento de risco e desatenta a grandes consequências, para abalar financeiramente o mundo.

Consideremos a história do banco Société Générale, instituição financeira multinacional francesa, agora com 150 anos. Se o governo norte-americano não socorresse a AIG, a gigante de seguros que garantia o Société Générale, o banco talvez não tivesse completado seu 144º ano.

Entre janeiro de 2005 e julho de 2008, um operador francês de 38 anos perpetrou a maior fraude financeira da história. Jérôme Kerviel causou ao Société Générale um descomunal prejuízo líquido de 4,9 bilhões de euros, vendendo a descoberto 10 milhões de euros de ações de uma companhia de seguros europeia, esperando que o preço da ação cairia. Era uma risco imenso. Não havia indícios de que o preço cairia, mas, por sorte de Kerviel, todas as ações do índice FTSE da bolsa de Londres caíram. Kerviel não poderia saber de antemão que, em Londres, homens-bomba islâmicos se explodiriam durante a hora do *rush* a bordo de três vagões do metrô e de um ônibus, matando 52 pessoas e ferindo 700. Ele lucrou meio milhão de euros. Seu ganho contribuiu para um "histórico favorável de reforço".[1] Kerviel contou à polícia: "Faz você querer continuar; é um efeito de bola de neve."[2] Assim, seu comportamento de risco se intensificou, com compras secretas de centenas de milhões de euros. Surpreendentemente, essas transações também se converteram em lucros substanciais.

Kerviel tinha um problema. Para não chamar atenção, precisou ocultar suas compras, maquiando os registros contábeis para compensar seus ganhos. Pensando de forma hábil que os mercados globais sofreriam severamente com a trapalhada dos créditos hipotecários de alto risco (*subprime*), ele começou a vender a descoberto milhões de euros. Não demorou muito para que começasse a vender a descoberto bilhões. Foi uma aposta arriscada, contando que a bagunça do *subprime* derrubaria ainda mais os mercados. Foi exatamente isso que aconteceu. No fim de 2007, as atividades de Kerviel renderam colossais 1,5 bilhão de euros.

Então, ele cometeu seu grande, grande, grande erro. No início de 2008, Kerviel começou a apostar em contratos futuros, aumentando sua exposição para quase 50 bilhões de euros. Ele pensou que o mercado tinha chegado ao fundo do poço e, como todos os ciclos de mercado, a recuperação era inevitável.

Foi quando as coisas começaram a ir muito mal. Os mercados de ações continuaram caindo, deixando os contratos futuros de Kerviel muito expostos, sem *hedge* para cobri-los. Uma exposição do tamanho de 50 bilhões de euros poderia ter levado à falência o Société Générale.

Pego de surpresa, o banco foi forçado a liquidar contratos futuros. Como você liquida 50 bilhões de euros sem alguém perceber? Uma liquidação desse tamanho poderia causar pânico. Você não pode fazer isso. (Na Inglaterra, após o 11 de Setembro, um cliente comum de banco não pode transferir mais do que 5 mil libras esterlinas de cada vez para uma conta diferente fora do Reino Unido.) Embora o banco tivesse de sofrer uma grande perda, mas muito menor do que 50 bilhões de euros, não tinha de se expor ao montante verdadeiro da exposição. O Société Générale liquidou encabuladamente 6,4 bilhões de euros na "maior perda financeira num único dia para uma única empresa na história da atividade bancária".[3]

Sem dúvida, o atentado terrorista no metrô de Londres desempenhou um papel importante na cadeia de eventos que levou à perda financeira do Société Générale. Contudo, Kerviel não poderia saber de antemão que ganharia uma bolada vendendo a descoberto 10 milhões de ações de uma companhia de seguros europeia. O atentado foi uma coincidência que não tinha *a priori* ligação com os planos de Kerviel. Isso o deixou rico. As quedas contínuas das ações o derrubaram. Se o mercado tivesse chegado realmente ao fundo do poço quando ele começou a apostar em contratos futuros, as coisas talvez tivessem sido diferentes. Ele e o banco poderiam ter escapado impunes da fraude de aproveitar a conta do banco sem autorização, e ninguém teria sabido a respeito do enorme risco de Kerviel. Os gestores de risco ignoraram as transações suspeitas de Kerviel ou foi apenas um acaso enorme o fato de eles não notarem a movimentação de alguns bilhões de euros? "Acho difícil de acreditar", Hélyette Geman, professora de matemática financeira da Universidade de Londres, declarou ao *New York Times*, "que os sistemas de gestão de risco e todos os auditores não indicaram nada, em nenhum nível."[4] No final das contas, é tudo uma questão de cobiça. Onde há dinheiro, há cobiça.

Mas o que é 1 bilhão de euros? Como as legendas de Joseph Mirachi em sua famosa caricatura de 1975, na revista *New Yorker*, ilustrando dois generais aparentemente discutindo um orçamento militar: "Você detona

1 bilhão aqui, detona 1 bilhão ali. E soma." Converse com Nick Leeson, o operador de derivativos trapaceiro, que, em 1995, quebrou o Barings Bank – o banco de investimento mais antigo da Inglaterra –, apostando no mercado de futuros e perdendo 850 milhões de libras esterlinas (1,3 bilhão de euros). Suas especulações sem vigilância e não autorizadas poderiam ter dado certo se não fosse o terremoto de Kobe. Era o pôquer de alto risco de Leeson, derrotado por uma coincidência de proporções monumentais. Leeson estava jogando pôquer com contratos futuros de curto prazo nas bolsas de valores de Cingapura e Tóquio, apostando que o mercado acionário japonês seria seguro. No entanto, na manhã seguinte logo cedo (17 de janeiro) ocorreu o terremoto de Kobe, provocando pânico nos mercados asiáticos. Procurando compensar suas perdas, Leeson fez uma série de investimentos cada vez mais arriscados, apostando que o índice Nikkei se recuperaria. Mas isso não aconteceu. Como muitos jogadores que tentam compensar suas perdas, ele continuou a afundar em problemas ainda piores.[5]

No século XX, casos de alavancagens arriscadas em Wall Street foram isolados de efeitos globais. Nesse século, a globalização econômica mudou tudo isso; quase todos os bancos se entrelaçam numa rede de transações que tornam a maioria vulnerável ao comportamento de um. Nos três dias enquanto o Société Général liquidou freneticamente os contratos futuros de Kerviel, outros operadores estavam ganhando dinheiro vendendo a descoberto, e apostando num mercado em queda. Quando os mercado mundiais caem, algumas pessoas ainda ganham dinheiro. O dinheiro não desaparece. As garantias bancárias podem até crescer por meio de apoios do governo.[6]

Acasos relativos à perturbação de mercado

As respostas do mercado a desastres terrestres, como tsunamis e terremotos, e também a ataques terroristas, guerras e epidemia de Ebola não são coincidências. Possuem causas bastante aparentes, em associação com circunstâncias de mercado degradadas: interrupções de suprimentos de peças e materiais, poder aquisitivo enfraquecido e nervosismo dos mercados, apenas para mencionar algumas. No entanto, os megadesastres mais naturais não são cientificamente previstos, e aqueles que são, chegaram tão rápido quanto descargas elétricas, pegando o mercado desprevenido.

Os terremotos não são coincidências. Possuem uma causa definida. Contudo, o momento em que acontecem é quase sempre coincidente. Como um importante livro-texto atual a respeito de sismologia afirma:[7]

> [Não temos] capacidade de prever terremotos em escalas de tempo menores do que cem anos, e dispomos apenas de métodos rudimentares para avaliar riscos de terremoto. (...) Nossa melhor resposta parece ser mostrar humildade diante da complexidade da natureza, reconhecer o que conhecemos e o que não conhecemos, utilizar técnicas estatísticas para avaliar o que podemos afirmar com graus divergentes de confiança dos dados e desenvolver novos dados e técnicas para nos sairmos melhor.

Da mesma forma, o matemático Florin Diacu nos disse em seu excelente livro *Megadisasters* [Megadesastres]:[8]

> *Como muitas outras ciências, a sismologia utiliza modelos matemáticos para investigar como os terremotos ocorrem e se desenvolvem. A ruptura desencadeada durante um terremoto envolve diversas ações físicas, que levam à propagação de diversas ondas através da crosta da Terra. Como a maioria desses processos só pode ser conjecturada, os modelos são mais simples do que a realidade física.*

Os tsunamis são algo previsível em escalas de tempo de algumas horas, mas só depois que ocorreram longe da costa. Às vezes, os serviços de inteligência possuem informações prévias de iminentes ataques terroristas, mas nem sempre. Os agressores e seus chefes conhecem os lugares e os horários, mas ataques bem-sucedidos acontecem em momentos e lugares que nos surpreendem.

Chamei a atenção para apenas alguns megadesastres imprevisíveis, mas possíveis. Há outros, e existirão outros, que ainda não podemos imaginar. Como todos os jogos, eles nos mantêm vigilantes como ficávamos há centenas de milhares de anos, quando ainda habitávamos cavernas, vivos, esperando pela chance de sair corajosamente para caçar, não sabendo o que se abateria da terra e do céu sobre nós. Isso também era um tempo de mercado, o decisivo tempo de mercado, o essencial tempo do jogo, cheio de circunstâncias desconhecidas sem causas aparentes e da vontade e do entusiasmo de simplesmente estar e continuar vivo.

Geralmente, os eventos de coincidências são inesperados, pois parecem ser extremamente raros, mas *devem* ser considerados na avaliação do risco, *pois* não aconteceram há muito tempo. Essa consequência é previsível devido a dois modelos matemáticos conflitantes. Um afirma que há uma tendência dos resultados se agruparem perto da média matematicamente prevista, e o outro é um princípio de probabilidade que nos revela que coisas surpreendentes tendem a acontecer com tamanhos de amostra bastante grandes. Aparentemente, observamos os resultados da maioria dos eventos centrando nossas visões e cálculos numa pequena quantidade de possibilidades. Essa centralização ignora eventos catastróficos inesperados, pois parecem ter probabilidades bastante baixas de ocorrer. Na realidade, essas probabilidades são muito maiores do que pensamos. Isso explica por que, muito provavelmente, as taxas de sucesso observadas se aproximam das probabilidades matematicamente calculadas num período longo. No entanto, ao longo do caminho, as coincidências imprevisíveis de fenômenos naturais podem criar taxas de sucesso voláteis e efêmeras. Surpreendentemente, as vulnerabilidades efêmeras podem pender o risco dos sucessos de longo prazo o suficiente para perturbar as previsões matemáticas de sucesso.

A maioria dos jogos de azar possui chances calculáveis razoavelmente precisas de ganho. Seus modelos de probabilidade se baseiam nas estruturas do jogo, e não em ligações externas com fenômenos naturais estranhos. As melhores estratégias de jogo desconsideram o risco quantificável de coincidências imprevisíveis. Os mercados financeiros, por outro lado, não são jogos de azar estruturados.

Os operadores ignoram de bom grado a possibilidade de que algum pequeno evento raro possa causar uma catástrofe global. Eles jogam no mercado, acreditando que o mesmo funciona por meio de algum tipo de regra perfeita e eficiente, quando, de fato, não é mais previsível do que a previsão derradeira da lei dos grandes números em relação ao resultado de um cara ou coroa. O operador deve estudar as notícias, investigar os programas geradores de receita, analisar os contratos futuros, avaliar passivos e falhas, avaliar líderes e ligações com outras empresas, e examinar histórias. Poucos operadores estudam quaisquer consequências globais de possibilidades catastróficas.

Os mercados financeiros atuais estão tão firmemente ligados que o insucesso de um negócio de risco muitas vezes leva ao insucesso de outros vinculados. Não podemos mais considerar as amostras como se fossem independentes, como o que fazemos quando estamos considerando jogos de cara ou coroa, arremessos de dados ou giros de roleta.

Não é necessária muito volatilidade no mercado de ações para causar arrepios nos consumidores. Quando o mercado faz uma de suas raras viradas acentuadas, talvez assustado com um evento desanimador, como o colapso iminente de um dos bancos mais respeitados do mundo, é possível sair da pista. As flutuações diárias de valor de uma única empresa afetam os valores de muitas outras; como um prognosticador sabe o que acontecerá num mundo de eventos políticos, sociais ou econômicos diários? Os furações passam por plataformas de petróleo em alto-mar, os trabalhadores da indústria automobilística fazem greve para manter seus benefícios, jurados concedem imensas indenizações em ações coletivas contra laboratórios farmacêuticos, plantações de laranjas congelam por causa do frio intenso, CEOs são acusados de fraude (ou deviam ser), o vírus Ebola apavoram passageiros de companhias aéreas etc. Quem pode dizer que esses eventos são acasos do momento? Uma rara virada acentuada no índice Dow 30 desencadeada por algum evento desalentador, como o colapso iminente de um megabanco, pode perturbar o mercado o bastante para tirá-lo de seu equilíbrio moderado. Quando o valor de alguma grande empresa individual flutua de modo volátil há um efeito propagador. Qualquer um do grande número de eventos inesperados com resultados imprevistos, aparentemente causados por coincidências inesperadas, pode abalar o mercado de uma forma ou de outra.

Como devemos incluir como fator algum resultado inesperado causado por alguma coincidência imprevista? Ocasionalmente, há advertências que somos capazes de identificar, como aconteceu em Haicheng, em 1975, quando os especialistas chineses identificaram abalos preliminares, entenderam o comportamento animal na zona rural circundante e previram corretamente o momento do próximo terremoto. Foi um acaso feliz. A advertência em Haicheng parece ter sido uma coincidência afortunada. Na China, quatro outras previsões de terremoto também funcionaram. Também foram acasos felizes. E, em 1994, um estudante meu sustentou ter previsto o terremoto de Northridge, na região do Vale de San Fernando, em Los Angeles, 48 horas antes. Ele tinha um viveiro de pássaros em sua casa e declarou que os faisões estavam agitados, como se tentassem avisá-lo que algo aconteceria. Ele e seus colegas de casa deixaram a área.

A casa desabou. A maioria das outras previsões feitas desde então revelou-se errada, e grandes terremotos ocorreram inesperadamente. Dois exemplos: (1) o terremoto de New Madrid, em Missouri, foi erroneamente previsto para ocorrer em 3 de dezembro de 1990; e (2) o terremoto de epicentro pouco profundo, de magnitude 6, que atingiu a região setentrional da Itália, pouco ao norte de Bolonha, em maio de 2012, foi totalmente inesperado. Apesar de todos os avanços das geociências nos últimos cem anos, não podemos prever os terremotos individuais de modo confiável e preciso. Sabemos onde eles acontecerão, mas não quando. Existiram algumas previsões incríveis, que salvaram milhares de vidas, mas, ainda assim, foram acasos felizes.

Charles Richter escreveu no *Bulletin of the Seismological Society of America* (1977): "Tenho tido horror de previsões e previsores. Os jornalistas e o público correm para qualquer sugestão de previsão de terremoto como porcos de engorda afluem para um cocho cheio. (...) [A previsão] proporciona uma feliz região de caça para amadores, excêntricos e impostores em busca de publicidade."[9]

Não conseguimos antecipar todas as coincidências prejudiciais, mas, com ou sem advertências, podemos avaliar o risco de que o pior possa acontecer.

Capítulo 14

Poder paranormal

Como os sinais eletroquímicos de uma mente influenciam outra?

Em *Why People Believe Weird Things* [Por que as pessoas acreditam em coisas estranhas], Michael Shermer relata sua visita a uma organização denominada Association for Research Enlightenment (ARE), em Virginia Beach, na Virgínia. A organização é uma escola e o repositório da obra de Edgar Cayce, proeminente paranormal do século XX. Desde 1931, a escola ensina poderes paranormais. Acompanhando uma aula de percepção extrassensorial e poderes paranormais, Shermer se voluntariou a ser receptor de mensagens paranormais. O professor explicou aos seus alunos que algumas pessoas nascem com poderes paranormais, e outras precisam de prática.[1] Após receberem uma planilha de pontuação para anotarem os resultados das mensagens recebidas, Shermer e os 34 outros alunos foram solicitados a se concentrar na testa do remetente. Ocorreram duas tentativas, com 25 mensagens em cada uma. Cada mensagem era um dos seguintes cinco possíveis símbolos: ✚ □ ☆ ○ ≋. Na primeira série, Shermer tentou receber e registrar a mensagem, mas, na segunda série, ele apenas marcou todas as mensagem com o símbolo ✚. Na primeira série, ele fez 7 pontos, e, na segunda, 3 pontos.

De acordo com a ARE, uma pontuação superior a 7 indica que o receptor possui percepção extrassensorial. Primeiro, para haver uma experiência que tende um pouco para longe do absurdo, deveria existir um sexto símbolo: um espaço em branco, para a pessoa que não obteve uma mensagem. Segundo, com o espaço em branco existindo, podemos realizar uma experiência para entendermos as possibilidades de correspondência dos seis símbolos: pintar dois cubos com seis símbolos em cada cubo. Cada vez que uma mensagem é enviada, um aluno joga os dois cubos, e marca se os dois cubos pousaram com o mesmo símbolo.

A probabilidade de os dois cubos pousarem com o mesmo símbolo é de 1/6, pois existem 36 resultados possíveis e somente 6 duplos possíveis. O que acontece quando cada um dos 34 alunos joga os pares de cubos 25 vezes? E, num grupo de 34 receptores-alunos, quão frequentemente devemos esperar ver duplos acontecendo 7 vezes? Ah, começamos a ver que há uma curva em forma de sino, indicando que há uma possibilidade muito boa de que alunos aleatórios estarão corretos 7 vezes. Em outras palavras, se você tivesse de selecionar ao acaso os símbolos da mensagem, teria uma possibilidade muito boa de obter de 3 a 7 corretas em 25 tentativas. Constata-se que qualquer um tem uma chance maior que 50% de obter mais do que 5 corretas.

Pode dar a impressão de que a comunicação de apenas 5 símbolos não equivale a qualquer comunicação séria. Afinal, quase qualquer frase individual deste capítulo é muito mais complexa do que os sinais que podem ser representados por apenas 5 símbolos arbitrários. Contudo, pensar dessa maneira desencaminharia a discussão. Se a percepção extrassensorial realmente funciona com apenas esses cinco símbolos, então deve ser considerada comunicação. Escutar dez decibéis das notas musicais sol e mi tocadas num piano não é igual a escutar o tema de abertura de quatro notas da Quinta Sinfonia de Beethoven, mas é audível. Afinal, na primeira experiência bem-sucedida com telefone, Alexander Graham Bell transmitiu uma mensagem de oito palavras muito simples, gritada no bocal: "Senhor Watson, venha cá. Eu quero ver você." Foi em 10 de março de 1876. A transmissão estridente da fala foi muito pouco audível para Thomas Watson. Na época, quem teria acreditado que a voz poderia viajar eletronicamente, e quem teria acreditado que poderíamos ter telefones pessoais sem fio, que poderiam transmitir voz de qualquer lugar do mundo para qualquer outro lugar do mundo? Assim, devemos ter cuidado no que acreditamos e no que não acreditamos. Talvez a telepatia de apenas 5 símbolos seja apenas um indicador do entendimento ainda por vir. É uma antiga preocupação: os preconceitos populares prematuros a respeito da natureza. Elizabeth Gilbert os apresentou em seu romance *The Signature of All Things* [A assinatura de tudo]: "Wallace escreveu que o primeiro homem que viu um peixe-voador deve ter achado que estava testemunhando um milagre; e o primeiro que *descreveu* um peixe-voador foi, sem dúvida, chamado de mentiroso".[2] O Wallace do romance é Alfred Russel Wallace, naturalista britânico, e a alusão é a um caso real de um oficial da marinha britânica que, retornando à Inglaterra, afirmou ter visto peixes-voadores em Barbados. No entanto, na vida real, Wallace foi o descobridor do *Rhacophorus nigropalmatus*, o sapo-voador, descoberto nas florestas tropicais da Malásia.[3]

A percepção extrassensorial, expressão que inclui telepatia e clarividência, é uma dessas teorias de ação à distância, que envolve transmissão e recepção mental de informação por meios de sentidos físicos incomuns. A intuição seria uma interpretação razoável do que isso significa, mas também significa uma maneira de receber informações de canais periféricos para o conhecimento científico corrente. Para alguns crentes verdadeiros, esses canais ligam o presente ao passado e o passado aos mortos. Apesar de quase um século de frequentes resultados negativos de experiências estatísticas a respeito da existência de capacidades humanas de percepção extrassensorial, os parapsicólogos ainda relutam em abandonar a ideia.[4]

Muitos dos mais famosos paranormais são ligados a meios de expressão em busca de atenção midiática. Kenny Kingston, "paranormal das estrelas", apresentava um programa de entrevistas radiofônico e era convidado regular de Merv Griffin e do programa *Entertainment Tonight*. Kingston promovia sua linha direta paranormal por meio de infomerciais sustentando suas ligações com celebridades como John Wayne, o duque e a duquesa de Windsor, e Marilyn Monroe. Ele ganhou milhões de dólares com seus contatos com mortos, em sessões de 400 dólares por pessoa, incluindo Errol Flynn e Orson Welles, que ainda podiam ser encontrados no Musso & Frank Grill, o restaurante de Hollywood que Flynn frequentava quando estava vivo. Não direi que Kingston é uma fraude; ele pode ser ou não. Não seria legal se os médiuns conseguissem realizar sessões para falar com os mortos e prever o futuro?

Há pouco tempo, as pessoas engoliam ímãs para atrair o amor. Por que não? Como os ímãs possuem poderes milagrosos de ação à distância, não é difícil entender como as pessoas são capazes de acreditar que as almas podem ser atraídas por essa força magnética incompreensível. Nós, com ares superiores e mal-entendidos típicos em relação a tradições antiquadas, achamos isso estranho. Contudo, desde o início do século XIX, sabíamos que as correntes elétricas geram campos magnéticos, e vice-versa. Assim, durante todo o tempo, devíamos ter pensado que a atividade mental, que, afinal, é atividade eletroquímica, gera campos magnéticos ao redor e além da cabeça humana. Na atual aceleração da investigação da neurociência, ferramentas cada vez mais sofisticadas de imagiologia do cérebro estão sugerindo noções que teríamos duvidado a uma década atrás. Atualmente, temos a evidência do escâner de magnetoencefalografia (MEG) de que as emoções expressas em cérebros humanos geram campos magnéticos fora da cabeça. Embora esses campos sejam relativamente fracos, é possível que eles, junto com a atividade da onda cerebral, aproveitem as ondas de rádio para transportar e transmitir sinais longe da fonte. Não duvido que isso seja possível. Pode muito bem ser que uma pessoa consiga comunicar algum sinal de amor além de seu cérebro. Como sinais de celulares, esses sinais podem ir longe. O problema reside em nossa interpretação dos sinais transmitidos. Eles podem ser decodificados para comunicar informações para outra pessoa? Para realmente transmitir a emoção do amor, esses sinais teriam de ser decodificados para significar não só "amor", mas também "eu amo você" para o receptor. Pense em como é difícil saber a respeito do amor de uma pessoa. Se a transmissão do amor fosse apenas uma questão de telepatia de sinais cerebrais, todo romance seria enfadonho.

A telepatia é a capacidade de transferir informação por meio de algum processo anômalo de transferência de energia inexplicável por mecanismos físicos ou biológicos conhecidos. Essa informação pode envolver o passado, o presente, o futuro, o contato com os mortos. A transferência pode consistir de sensações sinestésicas emocionais mediante estados alterados, ou pode ser mediante acesso à sabedoria coletiva subconsciente das espécies com o propósito de adquirir certas inteligências.[5]

O Brasil é um país em que 90% da população acredita em vida após a morte e na possibilidade de os vivos se comunicarem com os mortos. Eis a história real de João Rosa, chefe do crime da cidade de Uberaba, e Lenira de Oliveira, sua namorada. Embora João andasse com outras mulheres, ele não aceitava que Lenira saísse com outros homens. Tomado pelo ciúme, ele a seguiu enquanto ela estava com outro homem. No confronto resultante, João foi morto.

Lenira e o namorado foram acusados de homicídio. Triste e ainda apaixonada por João, Lenira consultou um médium que psicografou uma carta endereçada a ela do além. No julgamento, o advogado de defesa disse ao tribunal: "Na carta, recebida por esse médium, o morto fez uma confissão. Ele disse que seu ciúme foi o motivo de sua morte. A carta inclui detalhes que só pessoas próximas de João podiam conhecer."

Cartas de mortos, psicografadas por médiuns, são aceitas pelo sistema judiciário brasileiro, como parte do processo de comunicação de provas. No ambiente espiritual brasileiro, nenhum dinheiro troca de mãos. É tudo uma questão de crença verdadeira. Os médiuns fazem isso por sua crença inflexível. Numa sociedade que possui essa crença convicta na vida após a morte, os jurados são positivamente receptivos a uma carta escrita após a morte. Lenira e o namorado foram absolvidos.[6]

Os defensores da existência da percepção extrassensorial apresentam alguns casos clássicos. Há uma experiência famosa documentada por Upton Sinclair em seu livro *Mental Radio.* Sinclair acreditava que sua segunda mulher, Mary Craig Kimbrough, tinha dons de poderes paranormais. Para testar esses poderes, ele pediu que ela reproduzisse 290 desenhos feitos por ele. Espantosamente, ela reproduziu 65 com sucesso e 155 com sucesso parcial. Ela falhou na reprodução de apenas 70.[7] Mas é justamente isso. Você tem de levar em conta os insucessos em relação aos sucessos.

Outra famosa experiência remonta a 1937. Duas pessoas, o escritor Harold Sherman e o explorador Hubert Wilkins, trocaram por meio de telepatia imagens mentais e pensamentos, reproduzindo-os em diários. As telepatias continuaram diariamente durante 161 dias, enquanto Sherman estava em Nova York e Wilkins estava numa expedição no Ártico.[8] Em 21 de fevereiro de 1938, os dois escreveram que o tempo frio tinha atrasado seus trabalhos, que viram a pele de alguém descascar em um dedo, que consumiram bebida alcóolica e fumaram charutos com os amigos, e que ambos tiveram dores de dente.[9] De fato, os dois diários tinham cerca de 75% do conteúdo em comum.[10]

O início do século XX dignificara os defensores da percepção extrassensorial, com alguns acreditando nos poderes paranormais para alcançar os mortos. Mencionamos Sinclair e Wallace, mas imagine a influência dominante de pessoas tão distintas como William James, Henri Bergson, sir Arthur Conan Doyle, Aldous Huxley, Jules Romains, H.G. Wells, Gilbert Murray, Arthur Koestler e até, em certo grau, Sigmund Freud. Esses eminentes psicólogos, filósofos e escritores foram capazes de influenciar os outros a se juntarem de forma acrítica ao grupo. Eles não eram excêntricos, mas sim homens sinceros, que executaram seus trabalhos com seriedade sob os padrões da convenção científica do século XX, mas sem o apoio da experiência ortodoxa crítica.

Na década de 1930, as universidades e as publicações científicas estavam levando as aventuras paranormais a sério. A Universidade Duke tinha cortejado e recrutado o psicólogo William McDougall de Oxford e Harvard para chefiar um laboratório que realizaria experiências em busca de forças paranormais. Pelo menos duas publicações acadêmicas publicavam artigos em apoio da clarividência animal: um gato telepático e uma égua que conseguia explicitar mensagens telepáticas tocando seu nariz em blocos com letras e números.[11]

Joseph e Louisa Rhine, autores que eram marido e mulher, escreveram um estudo sobre um cavalo no *Journal of Abnormal and Social Psychology*: "O que foi descoberto falhou em concordar com a [telepatia], e nenhuma outra hipótese proposta parece defensável em vista dos resultados."[12] Talvez inspirados pelas palestras de Arthur Conan Doyle a respeito de telepatia, o casal seguiu a afirmação de Sherlock Holmes, em *O sinal dos quatro*: "Elimine todos os outros fatores e aquele que sobrar deve ser a verdade." Na realidade, reduz-se a eliminar todos os outros fatores. A parte difícil é saber onde não há fatores deixados para ser eliminados.

Recordo-me de uma afirmação absurda na peça *Proof*, de David Auburn, que teve boa acolhida alguns anos atrás, na qual Hal, matemático que estuda a prova de um teorema, afirma que não consegue encontrar nada de errado com a prova e, assim, ela é correta. Isso é logicamente equivalente a dizer que, se não está certo, então ele pode encontrar algo errado. O gato de Cheshire de Lewis Carroll pode concordar com uma risada. Ele é aquele que disse que os cachorros não são loucos e que ele não é um cachorro, concluindo que ele é louco. Esse tipo de lógica só pode acontecer no País das Maravilhas.

No cerne da percepção extrassensorial está o que os parapsicólogos denominam fenômeno *psi*. O psi é a 23ª letra do alfabeto grego, embora aparentemente lançado como semelhante fonêmico da primeira sílaba de *psique*, representando interações mentais que não podem ser explicadas por princípios físicos estabelecidos. Charles Dunbar Broad, filósofo da ciência do século XX, afirmou que a existência de eventos psi entra em conflito com as leis da ciência em níveis fundamentais de espaço, tempo e causalidade. Publicado em 1949, seu artigo na revista *Philosophy* oferece nove pontos em que psi conflita com o raciocínio convencional e com as leis físicas como as conhecemos.[13] Os defensores do psi concordam entre si que esses fenômenos são completamente incompatíveis com a física moderna, e, no entanto, aceitam esse conflito paradoxal. Segundo Rhine,

> nada em toda a história do pensamento humano – heliocentrismo, evolução, relatividade – foi mais verdadeiramente revolucionário ou radicalmente contraditório ao pensamento contemporâneo que os resultados da investigação do psi pré-cognitivo.[14]

Em 1937, Ronald Aymler Fisher escreveu um livro sobre o delineamento dos experimentos científicos com rigorosas medições numéricas para acasos distintos a partir de resultados que podem levar a previsões confiáveis.[15] Seu objetivo não era refutar a percepção extrassensorial, mas sim ensinar, em termos muito elementares, a ideia de como devemos aceitar ou rejeitar coincidências por meio de dados brutos.

Fisher ofereceu um relato ficcional de um chá inglês, no qual uma senhora foi ouvida por acaso dizendo que, pelo paladar, conseguia dizer se o leite fora adicionado à xícara antes do chá ou depois. Sem dúvida, essa afirmação exigia um palato primorosamente seletivo. O relato imaginativo de Fisher o levou a delinear um possível experimento. No mundo real, podemos aceitar o que a mulher disse em confiança, mas num modelo matemático mais razoável, ficaríamos mais flexíveis e sugeriríamos que *frequentemente* ela consegue reconhecer se o leite foi adicionado antes ou depois do chá. Fisher entendeu que mesmo eventos que acontecem com *mais frequência* podem acontecer por circunstâncias meramente aleatórias. Fisher pretendeu que seu ensaio fosse sobre o delineamento de experimentos e da preocupação em relação ao erro subjetivo, mas ele também visou a ligação entre matemática ideal e experimentos mundiais reais imperfeitos.

O experimento envolveu oito xícaras de chá, quatro com leite adicionado antes do chá e quatro depois. Evidentemente, se ela acertasse todas as oito xícaras, os pesquisadores se convenceriam que ela conseguia diferenciar. Mas e se ela não acertasse uma? Isso negaria sua palavra? Talvez não, mas e se ela não acertasse duas?

A matemática pode ser utilizada para determinar o resultado. A mulher, na exuberância de sua extraordinária afirmação, devia ter se permitido alguma possibilidade de erro. (O mundo não seria maravilhoso se todos pudéssemos fazer isso de vez em quando? Afinal, suas papilas gustativas teriam mudado após os primeiros goles, e o mesmo aconteceria com as moléculas do leite. Com essa diferença delicada entre chá colocado antes do leite e chá colocado depois do leite, parece justo afrouxar a afirmação estrita da mulher e permitir alguns erros.[16]

A estatística moderna começou no final do século XIX. Sua premissa é que variáveis aleatórias se distribuem numa variedade de possibilidades. A mulher que afirma ser capaz de distinguir se o leite foi adicionado à xícara antes do chá ou depois é diferente da vidente que afirma que consegue prever o sexo da criança em gestação. As verdades dessas afirmações se caracterizam por distinguir suposições aleatórias e clarividências verdadeiras. Afinal, o sexo da criança em gestação é determinado ao acaso, assim como a suposição. A mulher que afirma que consegue distinguir os chás está usando diretamente as papilas gustativas, junto com a confiança em sua capacidade de perceber diferenças de gostos.

Vemos as coincidências como eventos que são misteriosamente predestinados por algum delineamento significativo. Suspeitamos de uma correlação entre dois fenômenos complexos. O problema real é que tendemos a fazer ligações onde não existe nenhuma.

Essa é a matéria da probabilidade e estatística. Cometemos erros, e a estatística permite um certo grau de flexibilidade em relação à verdade. As abordagens estatísticas são muito delicadas. De acordo com Fisher, a corroboração estatística é evidência de verdade presumida. Ele escreveu:[17]

> Ao considerar a adequabilidade de qualquer delineamento experimental proposto, é sempre necessário prever todos os resultados possíveis do experimento, e também ter decidido sem ambiguidade que interpretação deve ser colocada sobre cada uma delas. Além disso, devemos saber por qual argumento essa interpretação dever ser sustentada.

Se um fenômeno sobrenatural, tal como um fenômeno paranormal, tivesse confirmação estatística, poderia ser um bom candidato à inquirição racional. No entanto, a única confirmação estatística do psi vista até agora veio de constatações que são bastante dependentes de erros de escrita, insinuações sensoriais involuntárias e condições de chance em excesso. Até observarmos confirmação estatística válida, psi deve ser consignado ao mundo da magia, onde cientistas se sentem à vontade com coincidências e as ferramentas físicas aceitas do mágico. Embora os mágicos possam oferecer desempenhos desconcertantes, que dão a impressão de conflitar com as leis da física – levitar corpos, transpassá-los com sabres afiados ou saber que carta está no meio de um baralho –, sabemos que são truques de confiança, visão, consciência e dependência de credulidade.

Somos solicitados a não questionar como a informação por meio de telepatia vai de um cérebro para outro. Se a ciência tivesse uma opinião, buscaria uma descrição de como a atividade eletroquímica no cérebro se converte em sinais de dados brutos, capazes de se deslocar através do espaço, e como esses sinais são reconvertidos em mudanças eletroquímicas nos neurônios. George Price, geneticista de populações norte-americano, tratou disso quando descreveu como um fenômeno psi pode transmitir informação a respeito de uma determinada carta no meio de um baralho: "Não há forma plausível de explicar esses detalhes, exceto em termos de agentes inteligentes especiais: espíritos, poltergeists ou seja como for que alguém deseja chamá-los. A carta-alvo certa é selecionada por um espírito. Um espírito implanta a informação no cérebro de forma eletroquímica apropriada. A capacidade desaparece quando o espírito se cansa de trabalhar com uma pessoa específica. Em resumo, a parapsicologia, embora bem camuflada com algo da parafernália da ciência, ainda sustenta em abundância as marcas da magia."[18]

Sempre que somos solicitados a não questionar a verdade, estamos sendo solicitados a aceitar a magia, o milagre ou o sobrenatural como resposta. À parte de truques realizados por mágicos divertidos, a palavra *magia* se refere à noção que coincidências resultam de poderes sobrenaturais, ou seja, influências que desafiam leis físicas estabelecidas. No palco, um homem transforma um lenço de pescoço num coelho branco. Os truques de Houdini desafiavam todas as sensibilidades da lei física, mas ele desdenhava da noção de percepção extrassensorial.[19]

A normalidade da ação à distância

No século XVI, trabalhou-se para se enunciar leis universais a partir da máxima aristotélica relativa à física de que tudo no universo tinha um lugar natural, ao qual se esforçaria para retornar depois de movido. Antes de sir Isaac Newton conceber a lei da gravitação universal, o destino humano estava ligado de algum modo aos movimentos celestes. De Newton, aprendemos que as maçãs caem pelo mesmo motivo que os planetas se atraem mutuamente. O destino humano e os movimentos das estrelas não estavam mais ligados. Quando Newton nasceu, a primeira edição da Bíblia do rei Jaime afirmava que

> o sol nasce e o sol se põe e depressa volta ao lugar em que nasceu. O vento sopra para o sul e vira para o norte; dá voltas e mais voltas, seguindo sempre o seu curso. Todos os rios vão para o mar, mas o mar nunca se enche; ainda que sempre corram para lá, para lá voltam a correr.[20]

Em *Paraíso perdido*, de John Milton, Deus envia o arcanjo Rafael para o Paraíso para advertir Adão e também para revelar a identidade de Satanás. Rafael se entretém na mesa com "licores agradáveis", com as frutas e as carnes mais finas do Paraíso trazidas por Eva, enquanto Adão pergunta a respeito do mundo, como ele veio a ser e como os planetas se movem. Rafael explica:[21]

> *. . . Heaven*
> *Is as the Book of God before thee set,*
> *Wherein to read his wondrous works, and learn*
> *His season, hours, or days, or months, or years,*
> *This to attain, whether Heaven move or Earth, . . .*
>
> *Hereafter, when they come to model Heaven*
> *And calculate the stars, how they will wield*
> *The mighty frame, how gird the sphere*
> *With centric and eccentric scribbled o'er,*
> *Cycle and epicycle, orb in orb. . .**

Milton concluiu *Paraíso perdido* pouco antes de a Grande Praga atingir Londres em 1665, quando Newton deixou Cambridge e se refugiou em

---

* ...Céu / É como o Livro de Deus antes de seu ocaso, / Quando ler suas obras maravilhosas, e aprender / Suas estações, horas, dias, meses ou anos, / Para atingir se o Céu se move ou a Terra... / Futuramente, quando chegarem para modelar o Céu / E calcular as estrelas, como eles manejarão / A imensa moldura, como a esfera se prepara / Com cêntrico e excêntrico rabiscado em cima, / Ciclo e epiciclo, órbita em órbita...

sua casa de infância, no vilarejo de Woolsthorpe, onde descobriu, entre outras coisas, a lei universal da gravitação, ou seja, a descrição da composição da ação da força gravitacional com movimento inercial, que mantém os planetas em órbita e faz a maçã cair.

No entanto, no final do século XVIII, a gravidade estava começando a ser considerada como a posse de sistemas de matéria: dois objetos se atraem porque estavam a uma certa distância e continham determinada quantidade de matéria. A atração era em virtude de seu "volume". Newton pensou nas forças gravitacionais como fenômenos dependentes de suas relações com outros corpos. Um corpo isolado não possui força gravitacional intrínseca, mas, quando outro corpo se aproxima, exerce força sobre aquele corpo, e aquele corpo exerce uma força contrária.

A visão científica prevalecente foi que a lei determina o universo. No entanto, ao contrário do movimento dos planetas, as leis governantes da biologia são dependentes de muitas variáveis para ser explicadas com precisão. Uma maçã pode cair de uma árvore e obedecer as leis de movimento de Newton, embora a maçã em si seja um grupo extremamente complexo de moléculas, mantidas juntas por uma quantidade imensa de complicadas atrações atômicas internas.

Vivemos num século onde a ação à distância é normal. O século passado assistiu o desenvolvimento do rádio e da televisão, em que sinais de som e imagem viajam como que por milagre através do espaço predominantemente vazio por milhares de quilômetros transportados sobre ondas de rádio. Crescemos acostumados com celulares e Wi-Fi sem questionarmos como ou aonde a informação vem e vai. Não questionamos mais novas formas de ação à distância que traz imagem e som de Pequim a Nova York num piscar de olhos. Para uma simples impressão de como tudo isso acontece, pense em como a voz de uma pessoa é escutada por outra.

Há um modelo maravilhoso do funcionamento da audição que o matemático sir Christopher Zeeman me mostrou certa vez. Estique e prenda um fio através de um grande espaço. (Veja a Figura 14.1.) Em uma extremidade, pendure diversos fios de comprimento desigual sobre o fio esticado. Nas extremidades de cada fio pendurado, fixe um peso de alguns gramas. Na outra extremidade do fio esticado, pendure cópias duplicadas dos pesos pendurados sem nenhuma ordem específica. Quando todo o sistema se estabilizar de qualquer movimento, puxe cuidadosamente qualquer peso para o lado e solte-o. O que acontece? Exceto por movimentos muito pequenos do sistema, apenas dois pesos pendurados estarão se deslocando com algum reconhecimento significativo: os dois pesos pendurados de mesmo comprimento. Por quê? Porque a frequência do peso deslocado transmite sua frequência ao fio esticado, de modo que quaisquer (mas somente) pesos pendurados de frequências simpáticas repercutirão.

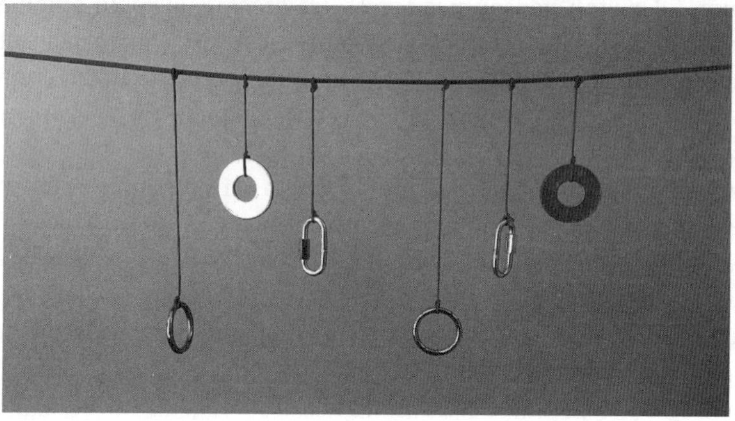

Figura 14.1 – Modelo de frequências simpáticas.

Não há nada de novo nessa pequena experiência. Os afinadores de piano utilizam esse princípio todos os dias para afinar as teclas de uma oitava golpeando as teclas das oitavas vizinhas. Os sobretons de qualquer nota vêm das vibrações de frequência das cordas do piano com frequências simpáticas.

E é exatamente assim que a audição humana funciona. Olga Borodina, meio-soprano russa, canta a ária "Lamento de Dido" de *Dido e Eneias*: "Quando me deito na terra..." Ela projeta as notas a partir da laringe, provocando ondas de ar na frente de sua boca. Essas ondas se deslocam através do espaço até alcançarem o ouvido de uma pessoa na plateia. Na cóclea do ouvido dessa pessoa, os cílios, que estão imersos parcialmente em fluido, movem-se de modo simpático em ressonância com a onda de ar. Os cílios móveis criam um movimento do fluido, que se transforma em sinais elétricos, que, por sua vez, excitam os nervos auditivos.

As pessoas dos tempos antigos devem ter pensado na maneira pela qual a voz de uma pessoa pode ser escutada por outra num espaço sem ligação mecânica evidente. Como criança cujo herói de revistas de histórias em quadrinhos era Dick Tracy, surpreendia-me com ceticismo a respeito de onde no mundo meu herói conseguia seu relógio de pulso com telefone e visor. Atualmente, o relógio de Dick Tracy é tecnologia do passado. Nós nem mesmo começamos a prestar atenção em como os sinais de nossos celulares atravessam o espaço vazio, ou como nossas mensagens de e-mail saem de um lado do planeta e alcançam o outro em questão de segundos.

O senhor Wonka, personagem do livro infantil *A fantástica fábrica de chocolate*, de Roald Dahl, não se perturbou com o fenômeno quando mostrou sua maravilhosa invenção para Mike Teavee.

> "Ora, ora!", ele afirmou. "Quando vi uma televisão funcionando pela primeira vez, tive uma ideia fantástica. 'Veja!', eu gritei. 'Se essas pessoas são capazes de decompor uma fotografia em milhões de pedaços, enviar os pedaços zunindo através do ar, e, depois, juntá-los de novo na outra ponta, por que não posso fazer a mesma coisa com uma barra de chocolate? Por que não posso enviar uma barra de chocolate zunindo através do ar em pedacinhos e, depois, juntá-los na outra ponta, tudo pronto para ser consumido?"[22]

Imaginariamente, o senhor Wonka está muito à frente do jogo de entender a ação à distância, e, possivelmente, à frente da Teoria de Tudo.

Coincidência sem uma causa

A ação à distância está no cerne da percepção extrassensorial. Eu não me surpreenderia de descobrir que os seres humanos possuem alguns meios de ter percepções além das cinco usuais. Algumas pessoas são muito sensíveis à pressão atmosférica e outras possuem detectores potentes para sinais sociais. Possivelmente algumas pessoas possuem uma sensibilidade relativamente sólida para ondas de rádio. Eu não duvidaria disso. No entanto, há um longo caminho entre essa sensibilidade e a capacidade de codificar e transmitir etereamente mensagens de uma mente para outra.

Assumindo que não vamos abusar do planeta até o ponto da autodestruição, estamos na infância da existência humana. Acreditar no contrário seria presunçoso e insensato. Também devemos assumir que estamos na infância do que entendemos de física e natureza. Temos teorias para muitas coisas, mas levará um longo tempo – talvez milênios, talvez nunca – antes de identificarmos os limites de Teoria de Tudo. E mesmo assim a resolução das descobertas científicas está sempre melhorando.

Capítulo 15

Sir Gawain e o Cavaleiro Verde

Na vida real, qualquer acaso com probabilidade muito baixa pode parecer um evento que jamais se repetirá, e, no entanto, pessoas ganham na loteria duas, três ou até quatro vezes na vida. No folclore, na lenda e na ficção, eventos muito mais extraordinários, com chances muito piores, acontecem frequentemente. Muitas vezes, as histórias desafiam as chances contrárias porque o narrador responsável está sempre pronto para nos manter entretidos por meio da suspensão da descrença.

Frequentemente, os acasos e as coincidências borram a distinção entre fato e ficção. No folclore, na lenda e na literatura, tendemos a suspender a descrença, de modo a ingressarmos num mundo que não é nosso, um mundo ilusório, onde somos observadores espectrais de eventos que nos revelam algo a respeito de nós mesmos como seres humanos. Como a maioria dos relatos ficcionais, as histórias aqui, com seus acasos e suas coincidências incorporados, nos mostram quem realmente somos como arquétipos na realidade mais ampla.

"Certa vez, um homem perdeu uma abotoadura com diamante no imenso mar azul", Vladimir Nabokov escreveu em seu romance *Riso no escuro* , "e vinte anos depois, no dia exato, aparentemente uma sexta-feira, ele estava comendo um grande peixe, mas não havia nenhum diamante dentro. É isso o que eu gosto nas coincidências."[1] Esse trecho é característico do humor deleitável de Nabokov. Não é um parágrafo longo, e mesmo assim, enquanto o lemos, percebemos que construímos nossos pensamentos rapidamente, antecipando algo que não acontece. Nabokov cria uma expectativa em nós, atinge-nos com uma surpresa, e termina com: "É isso o que eu gosto nas coincidências." É ficção! Na ficção, qualquer coisa pode acontecer.

O trecho nos relata o que é realmente uma coincidência: uma surpresa. Só que nesse caso, a surpresa é que não há surpresa. A surpresa é um elemento estrutural fundamental da narrativa, e as coincidências, por definição, sempre contêm surpresas. Segundo os antropólogos, desde que os seres humanos desenvolveram o mínimo de sofisticação de linguagem para contar uma história, passaram a contá-las. Todas as culturas do planeta contaram histórias infantis. Essas histórias podem ter alguma moral enterrada que se originou na realidade, mas são as profundezas da imaginação que as deixam vivas. Sobretudo as histórias de heróis lendários utilizam coincidências para os encontros dos personagens.

Há muito anos, quando eu era estudante em Paris, passei uma semana no hotel Albe, na esquina de duas ruas muito estreitas, a rue de la Huchette e a rue de la Harpe. Atualmente, o Albe é um hotel de quatro estrelas, mas, naquele tempo, era um lugar sórdido, com um elevador estreito quebrado, quartos minúsculos, colchões velhos e água morna em banheiros compartilhados. A vizinhança era o lugar ideal para um estudante com pouco dinheiro e poucos amigos. Pertinho do hotel, ficava o Théâtre de la Huchette, um pequeno teatro onde era apresentada a peça *La Cantatrice Chauve*, de Eugène Ionesco. Caminhei mais um pouco e cheguei à livraria Shakespeare and Company. Ali, encontrei um exemplar da peça para ler, *A cantora careca*. Ler o texto e ver a peça algumas vezes por um franco foi a melhor maneira de eu aprender francês.

Pelas minhas contas, existem treze coincidências ilusórias na peça. Elizabeth Martin e Donald Martin estão num jantar. Eles não parecem se conhecer, mas acham que se encontraram em algum lugar antes. Donald pergunta se eles podem ter se encontrado por acaso em Manchester. Ele deixou Manchester há exatamente cinco semanas, no trem das oito e meia da manhã. Assim como Elizabeth.

Esse diálogo prossegue ao longo de uma série de coincidências fantásticas dos Martin. No fim, os Martin descobrem que moram no mesmo andar, no mesmo apartamento e, de fato, no mesmo quarto. Eles dormem na mesma cama. Elizabeth fica espantada! Ela diz que é possível que eles tenham se encontrado na noite anterior na cama de Donald, embora ela não se recorde disso. Então, Donald conta para ela que tem uma filha loira de 2 anos chamada Alice, que mora com ele. Ela é muito bonita e tem um olho branco e um olho vermelho. Em resposta, com grande surpresa, Elizabeth revela que aquilo é uma grande coincidência, pois ela também tem uma filha de 2 anos chamada Alice, muito bonita, que tem um olho branco e um olho vermelho.[2] Evidentemente, esse é o teatro do absurdo, e essas coincidências são, sem dúvida, absurdas, mas sem sinais clínicos de demência.

Na ficção, a coincidência não é igual à coincidência na vida real. Na ficção, o autor é a causa. Às vezes, geralmente em romances ruins e também nos excelentes, as coincidências acontecem sem a intenção direta do autor: um encontro inesperado, que surge na trama. Planejado ou não, desperta efeitos cognitivos que podem levar a caminhos variáveis de entendimento.[3]

Lendas

O atemporal poema *Sir Gawain e o Cavaleiro Verde* chegou até nós por meio de um códice de pergaminho do século XIV, atualmente na Biblioteca Britânica. É um romance, uma fábula narrada com habilidade, uma história de lealdade e cortesia, uma história sombria do mundo dos mortos, e uma maravilha verdadeira. O próprio autor revela corretamente que é "uma aventura extravagante das maravilhas arturianas".[4] É narrada por meio de uma trama de circunstâncias e pelo menos uma coincidência claramente espantosa.

Começa na véspera do Ano-Novo. Isso já é uma coincidência, pois o Cavaleiro Verde, como o próprio ano, está aparentemente na iminência de morrer e retornar à vida. Uma festa estava acontecendo há quinze dias e noites. No entanto, nessa véspera de Ano-Novo, o Cavaleiro Verde, aquele rapaz impressionante, "que, em altura, superava todos os homens terrestres", carregando uma alabarda verde sobre seu cavalo verde, dirige-se diretamente para a festa na corte do rei Arthur.

As the sound of the music ceased,
And the first course had been fitly served,
There came in at the hall door one terrible to behold,
Of stature greater than any on earth;
From neck to loin so strong and thickly made,
And with limbs so long and so great

That he seemed even as a giant.
And yet he was but a man,
Only the mightiest that might mount a steed;
Broad of chest and shoulders and slender of waist,
And all his features of like fashion;
But men marvelled much at his colour,
For he rode even as a knight,
Yet was green all over.[5*]

Numa provocação afrontosa aos Cavaleiros da Távola Redonda, o Cavaleiro Verde desafiou que qualquer um cortasse sua cabeça em um único golpe de sua alabarda verde. Então, veio sua advertência: quem quer que tivesse êxito teria de aparecer na Capela Verde (uma viagem de três dias da corte) na véspera do Ano-Novo seguinte, quando o vencedor se ofereceria para decapitação. De fato, uma história sombria peculiar.

Se você não conhece a história, não vou revelar o final surpreendente. Sir Gawain, um cavaleiro da Távola Redonda, decapita o Cavaleiro Verde com um único golpe da imensa alabarda. Você acha que ele não conseguiu? A cabeça do Cavaleiro Verde cai no chão e rola um pouco com o sangue gotejando dela. No entanto, o corpo do Cavaleiro Verde, com sangue jorrando do ferimento, pega e ergue calmamente a cabeça pelos cabelos, recolhe sua arma ensanguentada e monta em seu grande cavalo. Através da boca que se move em sua cabeça, recorda Gawain a respeito da parte final do desafio.

Look, Gawain, that thou art ready to go as thou hast promised,
And seek leally till thou find me,
Even as thou hast sworn in this hall in the hearing of these knights.
Come thou, I charge thee, to the Green Chapel,

---

* Depois que o som da música cessou, / E o primeiro prato fora adequadamente servido, / Entrou pela porta do salão uma coisa terrível de se contemplar, / De estatura maior que qualquer um na Terra; / Do pescoço ao quadril, tão forte e densamente feito, / E com braços e pernas tão longos e tão grandes / Que ele parecia mesmo um gigante. / E ainda assim não era mais do que um homem, / Só o mais forte que talvez monte um corcel; / Largo de peito e ombros, e fino de cintura, / E todos os seus traços de forma semelhante, / Mas os homens se maravilharam muito com a sua cor, / Pois ele montava a cavalo como um cavaleiro, / Mas era todo verde.

Such a stroke as thou hast dealt thou hast deserved,
And it shall be promptly paid thee on New Year's morn. . .[6**]

Assim, alguns dias antes do Natal seguinte, sir Gawain parte em busca da Capela Verde. Nesse momento, chegamos à magia da história. Você acharia que Gawain teve tempo suficiente para descobrir mais a respeito dessa Capela Verde ou pelo menos sua localização. Mas não. Ele monta em Gringolet, seu cavalo, e, magicamente, dirige-se para Gales sem uma pista quanto a localização da Capela Verde. Ele pergunta a todas as pessoas que encontra pelo caminho, mas ninguém sabe.

And ever he asked, as he fared, of all whom he met,
If they had heard any tidings of a Green Knight
In the country thereabout, or of a Green Chapel?
And all answered him, Nay,
Never in their lives had they seen any man of such a hue.
And the knight wended his way by many a strange road and many a rugged path,
And the fashion of his countenance changed full often ere he saw the Green Chapel.[7***]

E, nesse momento, surge a coincidência. É véspera de Natal e sir Gawain se encontra perdido numa grande floresta. Ele reza para a Virgem lhe mostrar um lugar para se abrigar, e, magicamente (embora o poeta de Gawain talvez diga: "guiado por Deus"), depara-se com um grande castelo. Um lorde de "tamanho assombroso" e a dama do castelo o saúdam com cortesia e o deixam à vontade. A beleza da dama, Gawain nota, supera a

** Veja, Gawain, você deve estar pronto para ir, como prometeu, / E procure lealmente até me encontrar, / Como jurou nesse salão na presença desses cavaleiros. / Venha, eu ordeno, para a Capela Verde, / Esse golpe, como você o desferiu, mereceu, / E deve ser pago pontualmente no amanhecer do Ano-Novo...

*** E ele sempre perguntou, enquanto viajava, a todos a quem encontrou, / Se tinham ouvido alguma notícia de um Cavaleiro Verde / No campo nas proximidades, ou de uma Capela Verde. / E todos lhe responderam: não, / Nunca em suas vidas eles tinham visto algum homem daquela cor. / E o cavaleiro viajou pelo seu caminho por muitas estradas estranhas e por muitas rotas acidentadas, / E o jeito de sua expressão mudou totalmente antes de ele ver a Capela Verde.

de Guinevere, mulher do rei Arthur. Em cada um dos três amanheceres antes do dia do Ano-Novo, o lorde parte para caçar e volta ao anoitecer. Nas duas primeiras manhãs, a deslumbrante dama se infiltra na cama de Gawain e conversa com ele com uma voz irresistível. Gawain permanece imóvel e concede a ela apenas um beijo no primeiro dia e dois no segundo; de modo imperturbável, nada mais. Que homem! Esse rapaz ia ter sua cabeça cortada no dia seguinte. Entre nós, quem poderia ser tão imaculado?

Na manhã da véspera do Ano-Novo, ela insiste para que Gawain aceite um anel pesado como presente. No entanto, ele sabe que receber esse presente o comprometeria a ser cavaleiro dela, para capitular seu ser e para renunciar aos seus compromissos cavalheirescos. Gawain não aceita. Ela lhe oferece uma lembrança: seu cinto de seda verde com laço dourado. Gawain está prestes a recusar, mas ela diz: "Para o homem que amarra seu corpo com esse cinto verde / Enquanto ele envolvê-lo ao redor dele, / Nenhum herói sob o céu poderá cortá-lo em pedaços / Pois ele não poderá ser morto por nenhuma astúcia na Terra". Depois disso, como ele não podia aceitar aquela seda?

Há muito mais na história, mas, no final das contas, todas as tentativas de Gawain fizeram parte do jogo. E, no fim, descobrimos que o lorde do castelo é o Cavaleiro Verde. A alabarda é erguida e baixada duas vezes. Na terceira vez, é erguida e abaixada, e roça o pescoço de Gawain, mal deixando um arranhão.

O que concluímos de tudo isso? A Capela Verde fica apenas a três quilômetros do castelo. Gawain percorreu cerca de 58 quilômetros até o castelo.[8] Por que 58 quilômetros? O poema menciona que Gawain estava em seu caminho para o norte de Gales. A lendária Camelot ficava em qualquer lugar da Grã-Bretanha. Contudo, William Raymond Johnston Barron, célebre especialista arturiano, afirmou que, nesse poema específico, Gawain partiu da divisa entre Chershire e Staffordshire. Dessa maneira, meu Google Maps me revela que a distância mais curta percorrida seria de 58 quilômetros. Quão favorável foi isso, pois sem saber para onde ele estava indo quando partiu de Camelot, exceto o ato de se direcionar para o norte de Gales, Gawain acidentalmente se vê a três quilômetros de seu alvo.

É uma coincidência enorme. Imagine você tentar fazer isso. No entanto, é uma coincidência fabricada, que os escritores empregam muitas vezes para desenvolver uma trama onde a atmosfera de circunstâncias peculiares se move em arcos de razoável lógica. É quase típico da literatura de lendas, e um tanto necessária. O poeta, independentemente de quem ele seja, foi forçado a deixar Gawain perdido na grande floresta, até ele encontrar acidentalmente (ou divinamente) o grande castelo. Se ele conhecesse o caminho, conheceria o castelo. E se conhecesse o castelo, teria boas chances de conhecer a identidade de seu lorde. O poder da história se baseia no fato de Gawain não ter essa informação. Perdoe-me se acabei revelando o final. É uma história muito antiga, mas é uma história ocidental. As histórias orientais apresentam um jogo diferente. O folclore oriental está repleto de histórias de coincidência, que são percebidas como eventos mágicos. São as histórias dos gurus indianos, dos monges tibetanos e de outros personagens de uma cultura literária mais universal.

O folclore ocidental apresenta paralelos, mas muitas vezes com matizes religiosos, em que a magia é vista como milagre. Na cultura ocidental, a linha divisória entre folclore e religião é nebulosa, com as histórias religiosas idealizadas para demonstrar o poder da vontade divina. São as histórias dos sábios judaico-cristãos, dos oráculos gregos e dos profetas das principais religiões. Os oráculos gregos, por exemplo, contam histórias de coincidência vindas dos textos históricos razoavelmente confiáveis e das tradições gregas. Os textos de Plutarco, Xenofonte e Diodoro que falam de oráculos são considerados verdadeiros. Curiosamente, quase todos os oráculos documentados previram corretamente futuros por meio de coincidências a favor dessas previsões. Naturalmente, assim como qualquer adivinho bem-sucedido, essas profecias foram expressas de maneira vaga, a fim de convencer os crentes de que o oráculo possuía poder legítimo.

O folclore é um inventário protopsicológico da necessidade humana de prestar atenção aos arredores, ao que é estranho e ao que não é. Fala a respeito dos desejos primitivos que ajudaram os nossos antepassados primitivos a sobreviver aos terrores da natureza. O reconhecimento e a enfatização das coincidências previne à tribo de que algo pode acontecer. Embeleza a lenda, coloca-nos face a face com eventos verossímeis, quando acidentes bons e maus acontecem, e adiciona uma sensibilidade relativa ao risco desprotegido do herói do folclore em suas aventuras diárias no desconhecido.

O folclore da cura faz um filtro através de uma linha imaginária, dividindo a fábula e a vida real. As doenças físicas – cegueira, claudicação e costas encurvadas – são curadas magicamente por meio do projeto ficcional, demonstrando os poderes dos deuses ou bruxos, e também o poder e o controle daqueles que se veem como portadores de alguma vontade sobre-humana. A ciência, a lógica e a razão são postas de lado, em favor do destino, explicável apenas através de sequências de coincidências. O folclore proporciona uma maior conscientização dessas possibilidades de coincidência. Consideremos a crença do folclore chinês conhecida como fio vermelho do destino: cada criança que nasce possui um fio vermelho invisível (para os seres humanos) amarrado num tornozelo, com a outra extremidade amarrada no tornozelo do futuro cônjuge da criança. O deus casamenteiro decide o destino, amarrando o fio que estica e enrosca, mas que nunca se rompe. É a versão oriental de um vida predestinada: uma longa série de coincidências que devem ocorrer se uma pessoa tiver de encontrar o cônjuge predestinado. Houve um tempo em que o fio vermelho do destino tinha algo de verdade. Era um tempo em que as pessoas não se afastavam de seus vilarejos, um tempo em que essas pessoas tinham ligações estreitas na maior parte de suas vidas. O fio era amarrado metaforicamente como um acordo entre grupos de pais. Essa metáfora não tinha o poder da coincidência que possui hoje em dia, quando esses fios do destino são proibitivamente longos e intricados.

Frequentemente, considera-se *Os três príncipes de Serendip* um exemplo de serendipidade. De fato, a própria definição da moderna palavra inglesa *serendipity* vem do título dessa fábula. Originalmente publicada em Veneza, foi traduzida do persa e urdu para o italiano em 1557. Origina-se de "Os oito paraísos", de autoria de Amir Khusro (também conhecido como Khusrau) de Déli, remontando ao início do século XIV. A história em si pode ser ainda mais antiga e, provavelmente, baseia-se na vida de Baram V, rei persa do século V. Tomamos conhecimento dessa história por meio do quarto conde de Oxford, um homem chamado Horace Walpole, que por acaso era antiquário e autor célebre de sua época. De acordo com Richard Boyle, especialista do período colonial britânico em Sri Lanka (naquele tempo conhecido como Ceilão), e colaborador do *Oxford English Dictionary*, foi Walpole que disse que encontrou "uma lenda denominada *Os três príncipes de Serendip*".[9] É uma história conhecida na Europa desde o final do século XII. Há diversas versões da fábula, os assim chamados poemas de adivinhação: *The King and the Three Brothers*, *The Inheritance of the Three Sons*, *The Clever Bedouin Reads Footsteps in the Sand*, *Three*

Clever Brothers Before the Judge, *King Solomon and the Three Brothers* e *King Solomon and the Three Golden Balls*.[10] Trata-se da história de três irmãos, que viajam através da zona rural e encontram acidentalmente charadas que solucionam de maneira bastante sagaz. Como devemos descobrir na história, esses acidentes são mais coincidências do que acasos. De novo, de acordo com Boyle, numa carta para Horace Mann, de 28 de janeiro de 1754, Walpole escreveu: "[Os irmãos] estavam sempre fazendo descobertas, por acaso e sagacidade, de coisas que não estavam buscando."[11] Portanto, o *Oxford English Dictionary* tem como verbete para o substantivo *serendipity*: "A ocorrência e o desenvolvimento de eventos por acaso, de maneira feliz ou benéfica: 'um golpe feliz de serendipidade'."

Os três príncipes podem ter sido os filhos de Baram V ou os filhos de Giaffer. E Serendip (ou, às vezes, Sarendip) é o nome antigo do Sri Lanka.[12]

A história começa da seguinte maneira:[13]

> Em tempos antigos, existiu no país de Serendip, no Extremo Oriente, um grande e poderoso rei com o nome de Giaffer. Ele tinha três filhos, que eram muito amados por ele. E sendo um bom pai e muito preocupado a respeito da educação deles, decidiu que tinha de deixá-los dotados não só com grande poder, mas também com todos os tipos de virtudes que os príncipes têm necessidade.[14]

Assim, Giaffer bane seus filhos do reino de Serendip, de modo que possam obter algum conhecimento do mundo, além de conhecimento teórico. Os filhos chegam ao reino do grande e poderoso Beramo. Passam por muitas aventuras e fazem diversas descobertas por meio de observações e inferências. O primeiro incidente se dá num encontro com um condutor de camelo, que, na estrada, detém os príncipes para perguntar se eles viram seu camelo perdido. (Na Europa, a história envolve uma mula; na Índia, envolve um elefante.) Eles não viram. No entanto, por exibicionismo, os príncipes fazem três perguntas ao condutor do camelo. O camelo era cego do olho direito? Tinha perdido um dente? Tinha uma perna manca? Sim, o camelo tinha todas essas deficiências. Assim, os príncipes dizem ao condutor que viram esse camelo na estrada. O condutor sai correndo para alcançar seu camelo. Sem sucesso, ele volta a encontrar os três príncipes, que lhe dizem que o camelo foi mergulhado em manteiga em um lado e em mel no outro, e levado por uma mulher grávida. Nesse momento, o condutor começa a desconfiar que os príncipes roubaram seu camelo. É uma história tola, exigindo que façamos suposições por que o condutor deve estar desconfiado. Só podemos especular que, como os príncipes sabem muito a respeito do camelo, eles devem tê-lo visto, e, como não havia sinal do camelo em nenhum lugar, devem tê-lo roubado.

O condutor conduz os príncipes até um juiz. Eles juram que nunca viram o camelo. Quando o juiz pergunta como eles sabiam tanta coisa a respeito do camelo, os príncipes confessam ter observado indícios (indícios que não tinham procurado), inferindo detalhes essenciais, que, por acaso, coincidiram com os fatos. No fim, o camelo é encontrado e os príncipes são solicitados a revelar como inferiram as características incomuns do camelo.

As explicações são todas bastante tolas. O camelo era cego do olho direito porque o capim do lado esquerdo foi consumido e não o capim do lado direito. Um dente estava faltando porque, a cada porção de capim, sobrava um punhado após cada mordida. O camelo foi untado de manteiga em um lado e de mel no outro porque moscas ocupavam um lado da estrada e abelhas o outro. Pegadas na estrada mostravam um pé arrastado. E a mulher grávida? Os príncipes revelaram ter sentido desejos carnais quando passaram pelo lugar onde viram as pegadas da mulher. Desejos carnais? Todas as razões são tolas. Nesse caso, o importante é que, desde o início, os príncipes caminharam por uma estrada observando coisas que se tornaram pertinentes apenas após o incidente relativo ao encontro com o condutor do camelo. Em outras palavras, eles, acidentalmente, observaram coisas para as quais não podiam ter antecipado um uso. Os príncipes não estavam em busca de um camelo perdido antes de o condutor do camelo lhes dizer que seu camelo estava perdido.[15]

Sim, é um exemplo de serendipidade, mas também é um exemplo de coincidência, uma fábula exótica, divertida. O que articulou essas observações aguçadas muito antes do encontro com o condutor do camelo? Uma resposta pode ser que os príncipes eram muito observadores, prestando atenção naturalmente em tudo pelo que passavam – capim, moscas, formigas e marcas na estrada – na expectativa de precisarem dessa informação posteriormente. Contudo, outra resposta é que eles fizeram uma suposição extravagante, que era apoiada pela inteligência da observação. Podiam ter existido diversas razões para o capim ser consumido em punhados em um lado da estrada onde as moscas se habituaram. O fato de que o camelo perdido do condutor tinha todas as características descritas pelos três príncipes parece mais uma coincidência apoiada por alguma inteligência e observação aguçada, involuntariamente memorizada.

Significado em coincidências ficcionais

John Pier e José Angel Garcia dão a definição a seguir de coincidência em seu livro *Theorizing Narrativity* [Teorizando a narratividade]:[16]

> "Coincidência" está igualmente relacionada com acontecimentos; a saber, como a interseção imprevisível e (aparentemente) inexplicável, mas evidentemente significativa de duas ocorrências; às vezes, até de duas cadeias ou sequências causais de acontecimentos e eventos previamente introduzidos na história-mundo, mas sem conexão causal mútua.

Essa definição permite cadeias causais, e não necessariamente ligações causais diretas. No entanto, uma cadeia inesperada de eventos, onde as causas são perdidas em espaços da cadeia, proporciona uma surpresa elevada, que faz qualquer coincidência resultante parecer real. A definição também requer explicitamente coincidências ficcionais para ser significativa, como sempre são mais ou menos.

Frequentemente, os personagens ficcionais estão se cruzando no espaço e no tempo sem causa aparente, por meio de circunstâncias que são necessárias para mostrar o sentido da trama da história. Esses personagens podem ter tido algum relacionamento antes da casual interseção narrativa circunstancial no tempo e no espaço. Esse antigo relacionamento não precisa ter sido um encontro físico. Pode ter sido um caso antigo, um parentesco, alguma inimizade, ou um conhecimento amistoso. O "encontro" coincidente representaria pouco se não tivesse tido significado por meio do reconhecimento da importância de cada personagem para a trama. Qualquer ligação entre o relacionamento prévio e o encontro físico deve aparentar ser sem conexão, sem nenhuma impressão de ser causal, pois, caso contrário, a narrativa perde o efeito desejado de testemunhar o não familiar casual, junto com o prazer cognitivo almejado de tentar mostrar o sentido da coincidência que acabou de acontecer. O reconhecimento com retardo é tático. Suspeito que, quando os autores utilizam essa tática intencionalmente, eles têm a expectativa de criar impactos emocionais que posicionam a identidade dos personagens individuais na trama mais ampla.

Também considero que às vezes os autores incluem, de forma subconsciente, detalhes, eventos, metáforas simbólicas ou cenas secundárias que acabam tendo mais significado do que o pretendido. Podemos afirmar que diversos aspectos subconscientes da vida de um autor são responsáveis. Também podemos afirmar que, como na vida real, estamos todos ligados por aqueles proverbiais seis graus de separação, de modo que todos acabam ligados de maneiras que não possuem nenhuma explicação lógica. Freud tinha muito a dizer a esse respeito, assim como Jung. Há muitos exemplos. Alguns detalhes involuntários apareceram em minhas próprias obras. São acasos ou palavras que escapam do subconsciente? Podemos dizer que essas inclusões do subconsciente não são uma *concomitância surpreendente de eventos, sem laços causais aparentes*; no entanto, também podemos sustentar que as palavras numa página vêm de uma concomitância de elementos subconscientes e conscientes.

Na literatura, a trilha consciente possui um período de incubação. Leiamos *Crime e castigo*, de Dostoiévski, e alcancemos o trecho em que Raskólnikov mata a idosa com um golpe de machado. Que papel o machado desempenha quando avançamos na leitura? Por que Dostoiévski decide que a idosa deve ser morta por um machado e não por uma arma de fogo ou por uma pá de ferro? A psique do leitor reagiria de maneira diferente se outra arma tivesse sido usada. Um machado possui conotações muito diferentes do que o ato de esmurrar alguém até a morte. Deixa os leitores com emoções contraditórias e imagens conflitantes na mente: uma morte horrivelmente sangrenta e bondosamente rápida. Em outras palavras, uma impressão mental do crime teria sido bastante distinta se a idosa fosse morta de outra maneira. Ou a escolha de Dostoiévski pode ter sido apenas uma coincidência do momento, enquanto ele estava escrevendo a cena? Poderíamos fazer a mesma pergunta em relação ao Cavaleiro Verde. Por que uma grande alabarda verde, em vez de uma espada bem afiada?

Um exemplo contemporâneo envolve *Palácio da Lua*, de Paul Auster, um livro rico em acasos e coincidências fantásticas que acontecem para o narrador, Marco Stanley Fogg. As coincidências são tão improváveis que o próprio Marco não consegue acreditar nelas. Após passar diversas semanas vivendo sem um tostão, comendo pouquíssimo e dormindo nas moitas do Central Park, em Nova York, Marco, a ponto de morrer, é encontrado por um amigo. Após se recuperar, Marco responde a um anúncio de emprego datilografado sobre uma ficha postada na agência de empregos de estudantes da Universidade Columbia. É para ser acompanhante para um velho inválido, cego e irritadiço chamado Thomas Effing. O acompanhante deve morar no emprego. Alguns meses se passam e, então, Thomas começa a planejar o próprio obituário e pede para Marco escrevê-lo. No remoto ano de 1916, o nome de Thomas era Julian Barber, sendo aí que a história do obituário começa, num momento em que Julian achou que tinha de escapar de sua mulher perturbada mentalmente.

Julian viaja para uma área remota de Utah. Ele localiza a caverna de um ermitão cheia de mantimentos, mobília confortável e diversos rifles carregados. Encontra o cadáver do ermitão, recentemente morto por um ferimento à bala, e se dá conta de que o ermitão parecia com ele. Assim, ele enterra o ermitão e planeja uma nova vida com uma nova identidade, e passa os meses do inverno na caverna. Na primavera, aparece um visitante, George Boca Feia, indígena norte-americano, que acha que Julian é seu amigo, o ermitão. George conta para Julian que os irmãos Gresham, uma quadrilha de assaltantes de trem, estão à caminho da caverna, o esconderijo deles. Julian suspeita que a quadrilha matou o ermitão. Os assaltantes aparecem na caverna, Julian mata a tiros todos os três irmãos e foge com 20 mil dólares do dinheiro roubado deles. Ele volta à civilização com seu novo nome, Thomas Effing, e toma conhecimento de que sua mulher deu à luz um filho antes que ele partisse para Utah. O filho, Solomon Barber, cresceu e se tornou professor de história norte-americana em uma pequena faculdade do Meio Oeste. Ficamos sabendo que Solomon sempre achou que seu pai havia morrido num acidente em algum lugar de Utah. Também ficamos sabendo que Solomom foi demitido de seu trabalho após um escândalo sexual com uma estudante. A jovem desaparece, e, doze anos depois, é atropelada por um ônibus e morre. Após a morte de Thomas, Marco escreve para Solomon para lhe dizer que seu pai tinha morrido e tinha lhe deixado uma grande soma de dinheiro. Solomon se encontra com Marco em Nova York, e conta para Marco, que, nos anos 1940, teve uma aluna de Chicago chamada Emily Fogg.

"Uma coincidência após a outra", [Marco] afirmou. "O universo parece estar cheio delas."

(...)

"Ela era uma garota bonita e inteligente, sua mãe. Lembro-me muito bem dela."[17]

Na vida real, podemos questionar as chances. No entanto, essa é uma história de ficção, sem nenhuma fórmula certa que possa dar a probabilidade de que a história de Marco se concentrasse nessa coincidência colossal. Há, porém, alguns métodos investigativos para reduzir o campo de jogo. A ficção dispõe de vantagens que a vida real não tem: uma trama cuidadosamente construída e um cenário estrategicamente escolhido. Em *Palácio do Lua*, para a coincidência mais surpreendente funcionar, o cenário tinha de ser uma cidade muito grande. Não há muitas opções para isso. E se Nova York é a escolha, então a Universidade Columbia também é a escolha. O campo se reduz a apenas uma zona de Nova York; aproximadamente, uma área de um quilômetro e meio quadrado, centralizada na 116th Street e na Broadway, embora ainda deixando em aberto uma grande quantidade de direções e possibilidades interferentes.

Na vida real, a pergunta seria: em Nova York, quantos jovens que nunca conheceram seus pais acidentalmente entraram em contato com seu pai por meio de algum encontro casual, digamos, no ano passado? Se conseguíssemos ter uma visão das mãos de todos os jovens que residem em Nova York, provavelmente veríamos pelo menos uma dúzia de mãos levantadas. Esses jovens podem não ter uma grande autobiografia para escrever, mas suas coincidências podem gerar algumas histórias fascinantes. Eles contariam que encontraram seus pais por meio de alguma coincidência extravagante. É uma cidade imensa, com muita gente, muitas ligações ocasionais e diversas oportunidades de sincronicidade. Nova York proporciona uma estrutura de encontros inesperados, ligando o passado, o presente e o futuro, de maneiras que só podemos compreender pelo entendimento tanto da enormidade da população como do grande número de combinações de caminhos ligando uma pessoa com a outra.

Suspeito que, se questionarmos aclamados autores de ficção a respeito de suas escolhas na construção de incidentes específicos em suas obras, eles dirão que algumas cenas foram construídas por meio de coincidências afortunadas do momento. No entanto, há um fenômeno que os psicólogos denominam *efeito de primação*, que afirma que as nossas ações e as nossas emoções são afetadas pela experiência dos eventos recentes. Por exemplo, se você fosse solicitado a preencher os espaços em branco da palavra S_ _ P, você provavelmente escreveria SOAP (sabão) se tivesse acabado de lavar as mãos; e escreveria SOUP (sopa) se tivesse acabado de sentar para jantar. Assim, pode ser que algo de nossa compreensão seja transportado pelas coincidências entre as palavras que lemos e nossas experiências mais imediatas. A vida é assim. Nossos pensamentos e nossas ações dão a impressão de começarem por cadeias de experiências, mas o destino possui suas formas ocasionais de intervir para perturbar o equilíbrio.

Epílogo

Tendemos a pensar no mundo como sendo pequeno e grande. Por um lado, não é maior do que nossa vizinhança, nossos amigos, nossos conhecidos e, possivelmente, nossas viagens limitadas. Por outro, é tão vasto quanto é da janela de um avião sobrevoando a região central da Inglaterra ou as imensas florestas do Maine. Temos impressões contraditórias de como nossa intuição vai reagir a diversos acasos e coincidências que podem acontecer. Damos de cara com nossos amigos na vastidão do mundo como se todo o mundo fosse apenas uma cidade pequena; nós – a família de jogadores da loteria do mundo – ganhamos diversas loterias porque nosso pequeno mundo é realmente muito grande.

O mundo é assombrosamente vasto. As pessoas estão agrupadas não só em cidades, mas também no espaço-tempo de suas ligações. Então, é claro, eventos aparentemente improváveis acontecem por causa da grande quantidade de possibilidades experiencialmente disponíveis. Os eventos coincidem meramente por acaso? Ou utilizamos o acaso como desculpa para o que não conhecemos? Ao buscarmos uma causa, talvez não encontremos uma. No entanto, numa investigação e numa desconstrução adicionais, os pontos se ligam.

Há poucas análises que utilizam matemática séria para explicar a regularidade da coincidência, à parte da de Persi Diaconis e Frederick Mosteller. Suas teorias revelam que inúmeras ocorrências que achamos estranhas são simplesmente eventos que acontecem em espaço de tempo fechados e grandes populações. Há uma grande quantidade de possíveis eventos que podem acontecer a qualquer momento, mas também existe uma grande quantidade de possíveis eventos simultâneos. David Hand, matemático do Imperial College, em Londres, oferece uma perspectiva um pouco diferente, mas complementar, para o entendimento das coincidências. Seu *princípio da improbabilidade*, um conjunto de leis de probabilidades combinadas, cada uma no apoio da outra, explica por que eventos tão improváveis vão acontecer. A maior parte dos elementos do princípio é mais qualitativa do que quantitativa, sem indicadores numéricos reais de improbabilidade. Em vez disso, essas leis são estatisticamente narrativas, dando crédito à ideia de que coisas improváveis vão acontecer com mais frequência do que esperaríamos. Por exemplo, o conjunto contém o que Hand chama de lei da inevitabilidade, que afirma: "Se você fizer uma lista completa de todos os resultados possíveis, então um deles deve ocorrer."[1]

Há outra coincidência que merece ser registrada. Assim, posso deixar meus leitores com o dilema do que torna uma coincidência uma coincidência. Há 66 milhões de anos, um cometa colidiu com a Terra em alta velocidade, em algum lugar perto da Península de Yucatán, criando uma cratera com quase 180 quilômetros de diâmetro.[2] Das missões da Nasa, agora conhecemos o bastante a respeito da composição dos cometas para saber que era um cometa e não (como fora considerado anteriormente) um asteroide. Há uma discussão permanente entre os paleontólogos, geólogos e astrônomos a respeito do que causou a mudança climática global que exterminou os dinossauros. Uma teoria afirma que a explosão desse cometa exterminou quase todas aquelas coisas grandes parecidas com lagartos que chamamos de dinossauros, junto com 70% de todas as outras plantas e criaturas vivas. Os organismos expostos à intensa explosão de radiação infravermelha tiveram morte quase instantânea. Para as espécies que sobreviveram, as condições de vida, além da fotossíntese obstruída para as plantas, nos 60 milhões de anos seguintes foram miseráveis; um inverno nuclear interminavelmente longo.

Os cometas são diferentes dos asteroides. Possuem composições químicas distintas, mas o mais importante para a nossa história é que – ao contrário dos asteroides – os cometas se deslocam em órbitas. Eles podem percorrer suas trajetórias periódicas por milhões de anos sem colidirem com nada. No entanto, quando um cometa chega bastante perto de outra massa, a força da gravidade perturba levemente sua órbita. Podem ser necessários outro milhão de anos para o cometa retornar àquela outra massa para uma passagem mais próxima. No caso desse evento notável há 66 milhões de anos, imagine o que poderia ter acontecido se a órbita desse cometa estivesse a apenas um quilômetro mais afastada da Terra. Numa escala astronômica, um quilômetro é uma distância minúscula, mas enorme quando massas estão próximas. No próximo ciclo orbital, sua massa teria sido menor e, assim, a atração da Terra teria sido menor. Essa coincidência de órbitas foi a responsável pela extinção em massa das espécies e pelo nascimento afortunado de nossa espécie. Tudo aconteceu em questão de minutos e com um diferença de trajetória de alguns metros. E aqui estamos nós. Deixo para você julgar se isso foi coincidência, acaso ou intervenção divina.

Notas

Introdução

1. Uma definição semelhante foi apresentada inicialmente por Thomas Vargish, em sua obra *The Providential Aesthetic in Victorian Fiction* (Charlottesville: University of Virginia Press, 1985), 7.

2. Philip Babcock Grove (ed.). *Webster's Third New International Dictionary of the English Language Unabridged.* Springfield, MA: G. & C. Merriam Company, 1961.

3. Neil Forsyth. "Wonderful Chains: Dickens and Coincidence", *Modern Philology* 83, nº 2, (novembro de 1985): 151-165.

Capítulo 1

1. Robert Fiala era professor de arte em mídia digital no Pratt Institute, bom amigo da faculdade e grande artista. Morreu inesperadamente em 2009.

2. Na Escócia, naquela época, as noites com *stovies* eram quando os *pubs* ofereciam refeições gratuitas, geralmente batatas fritas, para se esquivar das leis de encerramento das atividades à meia-noite. (Os restaurantes podiam permanecer abertos depois da meia-noite.)

3. Lao Zi. *Tao Te Ching*, capítulo 73, tradução de William Scott Wilson. Boston: Shambhala Publications, 2010, 39.

4. Walt Whitman, *Democratic Vistas*, editado por Ed Folsom. Ames, IA: University of Iowa Press, 2010, 67-68.

Capítulo 2

1. Charles Dickens. *Bleak House.* Londres: Wordsworth Classics, 1993, 189.

2. Alexander Woollcott. *While Rome Burns.* Nova York: Viking Press, 1934, 21-23.

3. Ao ler Woollcott narrando a história, ocorreu-me que Charles Albert Corliss pode ter pregado uma peça em Anne, escrevendo a anotação

nos poucos momentos em que ela se virou para observar as torres da catedral de Notre-Dame. Woollcott afirma: "Houve um instante de silêncio quando ela desviou o olhar para o rio, para o verde compacto de suas ilhotas e para as torres. Esse silêncio foi quebrado abruptamente com a admissão dele, com tensão na voz, de que, afinal, ele pensava que ela conhecera o livro na juventude."

4. C.G. Jung. *Synchronicity: An Acausal Connecting Principle.* Princeton, NJ: Princeton University Press, 1960, 22.

5. Ibid., 28.

6. Aqui é quando o exagero causa arrepios. Foi realmente uma hora? Ou foi apenas uma quarto de hora? Esses são os enfeites típicos que encontrei em quase todas as histórias de coincidências que investiguei.

7. Nicolas Camille Flammarion. *L'Inconnu: The Unknown.* Nova York: Harper & Row, 1900, 194.

8. Ibid.

9. Em si mesma, uma obra esplêndida, com centenas de gravuras espetaculares de Flammarion, muitas em cores. Veja https//books.google.com/books?id=ScDVAAAAMAJ&pg=PA163#v=onepage&q&f=false.

10. Nicolas Camille Flammarion. *L'Atmosphère: Météorologie Populaire.* Paris: Hachette, 1888, 510.

11. Flammarion. *L'Inconnu,* 192.

12. Ward Hill Lamon. *Recollections of Abraham Lincoln 1847-1865.* Cambridge, MA: The University Press, 1911, 116-120.

13. Minha filha era sonâmbula quando jovem; assim, posso dizer como é assustador testemunhar um sonâmbulo real.

14. Gideon Welles e Edgar Thaddeus Welles. *Diary of Gideon Welles,* vol. 2. Boston: Houghton Mifflin, 1911, 283.

15. Frederick W. Seward. "Recollections of Lincoln's Last Hours". *Leslie's Weekly,* 1909, 10.

16. Os cálculos a respeito disso são complexos. As chances da mesma pessoa ganhar duas vezes na loteria foram calculadas por Stephan Samuels e George McCabe da Universidade Purdue. Eles sustentam que as chances são melhores do que 50% de que alguma pessoa, em algum lugar dos Estados Unidos, ganhe duas vezes em sete anos. As chances são de 1 em 30 de que haverá um ganhador duplo num período de quatro meses. Registro isso aqui com o entendimento de que não vi os cálculos reais. A principal fonte parece ser o artigo de Persi Diaconis e Frederick Mosteller, "Method

for Studying Coincidences", *Journal of the American Statistical Association* 84, nº 408, dezembro de 1989: Applications & Case Studies, 853-861.

Capítulo 3

1. Arthur Koestler. *The Case of the Midwife Toad.* Nova York: Vintage, 1971, 13.

2. Para essa tradução da citação, veja Martin Plimmer e Brian King. *Beyond Coincidence: Amazing Stories of Coincidence and the Mystery Behind Them.* Nova York: St. Martin's Press, 2006, 52-53.

3. Paul Kammerer. *Das Gesetz der Serie.* Berlim: Deutsche Verlag-Anstalt, 1919, 93.

4. Ibid.

5. C.G. Jung. *Synchronicity: An Acausal Connecting Principle.* Princeton, NJ: Princeton University Press, 1960, 105.

6. C.A. Meier (ed.), David Roscoe (trad.). *Atom and Archetype: The Pauli/Jung Letters, 1932-1958.* Princeton, NJ: Princeton University Press, 2001. xxxviii.

7. Jung. *Synchronicity*, 10.

8. C.R. Card. "The Archetypal View of C.G. Jung and Wolfgang Pauli". *Psychological Perspectives* 24 (Primavera-verão de 1991): 19-33, e 25 (Outono-inverno de 1991): 52-69.

9. David Peat. *Synchronicity: The Bridge Between Matter and Mind.* Nova York: Bantam 1987, 17-18.

10. Aniela Jaffé. *Memories, Dreams, Reflections.* Nova York: Vintage Books, 1965.

11. Joseph Cambray. *Synchronicity: Nature and Psyche in an Interconnected Universe.* College Station, TX: Texas A&M University Press, 2009, 12.

Capítulo 4

1. Carl Gustav Jung. *Jung on Synchronicity and the Paranormal.* Londres: Routledge, 2009, 8.

2. Adotei esse número porque é a probabilidade de ganhar na loteria em meu estado, Vermont.

Capítulo 5

1. Esses manuscritos permaneceram inéditos por quase cem anos. Veja Øystein Ore: *Cardano, the Gambling Scholar.* Princeton, NJ: Prince-

ton University Press, 1953, ou Nova York: Dover, 1965. Devemos assinalar que esse livro de Ore foi o primeiro a expor as contribuições de Cardano para a teoria de probabilidade matemática. Veja a revisão de Ernest Nagel a respeito de *Cardano, the Gambling Scholar*, em *Scientific American*, junho de 1953.

2. Resumindo isso em palavras: a probabilidade P que a diferença entre a probabilidade observada k/N e a probabilidade matemática p seja menor que algum número pequeno escolhido ε se aproxima mais de 1 quando N fica maior.

3. Galileu (cerca de 1620), *Sopra la scoperte die dadi* (On a Discovery Concerning Dice), tradução de E.H. Thorne, excerto em *Games, Gods, and Gambling: The Origins and History of Probability and Statistical Ideas from the Earliest Times to the Newtonian Era*, de F.N. David. Nova York: Hafner, 1962, 192-195.

4. Joseph Mazur. *What's Luck Got to Do with It?: The History, Mathematics, and Psychology of the Gambler's Illusion*. Princeton, NJ: Princeton University Press, 2010, 27.

5. Foi publicado pela primeira vez em 1663.

6. As cartas originais foram editadas e publicadas em *Oeuvres de Fermat*, editadas por Tannery e Henry, vol. 2. Paris: Gauthier-Villars: 1894, 288-314. Para as cartas com tradução, veja David Eugene Smith. *A Source Book in Mathematics*. Nova York: Dover, 1959, 424.

7. Pascal entendeu que seria mais fácil calcular as chances de não se obter um duplo 6. Seria de 35/36. Ele também deve ter entendido que a probabilidade de dois eventos independentes ocorrerem é o produto das probabilidades dos eventos individuais e que, portanto, a probabilidade de não se obter um duplo 6 em n arremessos é de $(35/36)^n$. Ele calculou $(35/36)^{24}$ e obteve 0,509 e também calculou $(35/36)^{25}$ e obteve 0,494, concluindo que havia uma chance um pouco menor do que 50% de obter duplo 6 em 24 arremessos e uma chance um pouco maior do que 50% em 25 arremessos.

8. $1 - (35/36)^{24} < 1/2$, mas $1 - (35/36)^{25} > 1/2$.

9. Isso porque a probabilidade do primeiro dado dar qualquer um de seus seis números é 1. Certeza. Digamos que dê 2. Os outros quatro dados devem agora dar 2. Isso tem uma probabilidade de $(1/6)^4$, ou 1 em 1.296.

10. Veja o vídeo Numberphile, em https://www.youtube.com/watch?v=EDauz38xV9w.

11. Stephen M. Stigler. *The History of Statistics: The Measurement of Uncertainty Before 1900*. Cambridge, MA: Harvard University Press, 1986, 64-65.

12. Desde sua publicação em 1713, o teorema de Bernoulli passou por diversos aprimoramentos.

13. Para uma prova, veja Warren Weaver. *Lady Luck: The Theory of Probability*. Garden City, NY: Doubleday, 1963, 232-233.

14. Jacob Bernoulli. *The Art of Conjecturing*, com tradução de Edith Dudley Sylla. Baltimore: Johns Hopkins, 2006, 339.

15. Stigler. *The History of Statistics*, 77.

16. Bernoulli. *The Art of Conjecturing*, 329.

17. John Albert Wheeler. "Biographical Memoirs", vol. 51. Washington, DC: National Academies Press, 1980, 110. A citação é uma paráfrase da original "Deus não joga dados", que aparece nas cartas de Einstein para Max Born; veja A. Einstein. *Albert Einstein und Max Born, Briefwechsel, 1916-1955, Kommentiert von Max Born*. Munique: Mymphenburg, 1969, 129-130.

18. Robert Oerter. *The Theory of Almost Everything*. Nova York: Pi Press, 2006, 84.

19. Mazur. *What's Luck Got to Do with It?*, 129-130.

20. Bernoulli. *The Art of Conjecturing*, 101.

21. Houve outro tratado importante a respeito da teoria das probabilidades. Em 1708, Pierre Rémond de Montmort, matemático francês, publicou *Essai d'analyse sur les jeux de hazard* [Ensaio analítico a respeito dos jogos de azar].

22. *Liber de Ludo Aleae* [Livro dos jogos de azar] foi escrito em meados do século XVI e publicado em 1663, enquanto *De Ratiociniis in Ludo Aleae* [Sobre o raciocínio em jogos de azar], de Huygens, foi publicado em 1657. No entanto, o poema medieval "De Vetula", atribuído a Richard de Fournival, continha uma descrição curta a respeito das combinações resultantes do arremesso de três dados, sem referência a qualquer sugestão de valor esperado.

23. Essa citação aparece na página 132 da tradução de Edith Dudley Sylla de *Ars Conjectandi*, de Bernoulli. *Ratiociniis in Ludo Aleae*, de Huygens, é reproduzido como a parte I de *Ars Conjectandi*. Na realidade, apareceu primeiro como apêndice de um livro de exercícios de matemática de Frans van Schooten, impresso em 1657. O livro de Huygen não deve ser

confundido com *Liber de Ludo Aleae*, o manual da matemática dos jogos de azar de Girolamo Cardano.

Capítulo 6

1. No todo, 3% dos dados estavam faltando.

2. Victor Grech, Charles Savona Ventura e P. Vassallo-Agius. "Unexplained Differences in Sex Ratios at Birth in Europe and North America". British *Medical Journal* 324, nº 7344 (27 de abril de 2002).

3. Persi Diaconis, Susan Holmes e Richard Montgomery. "Dynamical Bias in the Coin Toss". *SIAM Review 49*, nº 2 (2000): 211-235.

Capítulo 7

1. Robert Siegel e Andrea Hsu. "What the Odds Fail to Capture When a Health Crisis Hits". *NPR All Things Considered*, 21 de julho de 2014.

2. Quilômetros de estradas de acordo com o US Department of Transportation and Federal Highway Administration; quilômetros quadrados de terra de acordo com o US Department of Agriculture Forest Service.

3. Pode parecer estranho que, em 100 rodadas jogando vermelho na roleta, provavelmente você só ganhe 47 vezes e não 50, mas isso resulta do fato de que $p < q$, e, assim, a probabilidade máxima é desviada da média.

4. Mazur, *What's Luck Got to Do with It?*, 104.

5. No entanto, para caber na página, o gráfico deve ser reduzido horizontalmente de modo proporcional, para ter a aparência do gráfico da Figura 7.4.

6. Soube que existem relatos anteriores a respeito do triângulo, começando com a obra do século XII do matemático indiano Halaydha, que escreveu um comentário sobre o Chandas-shastra (tratado sânscrito a respeito do estudo da métrica poética), no qual ele mencionou que as diagonais do triângulo somam o que, posteriormente, denominou-se números de Fibonacci. Não vi evidência corroborante da existência desse triângulo em data tão antiga, embora possa haver. Em caso positivo, sem dúvida, não considera a fórmula para construção e simplesmente registra algumas linhas para ser útil.

7. Petrus Apianus foi humanista, matemático e astrônomo alemão. Veja D.E. Smith. *History of Mathematics.* Nova York: Dover, 1958, 508.

8. Mazur. *What's Luck Got to Do with It?*, 239.

9. Primeiro, movimentamos todo o gráfico para que o ponto superior fique centralizado em 0. A área é claramente preservada e nenhuma infor-

mação é perdida, exceto que, agora, devemos interpretar o significado do gráfico como a distribuição de probabilidades do aumento ou da diminuição incremental de vermelhos em relação aos pretos. Para uma modificação adicional de nossa figura, encolhemos a curva por meio de um fator de 5 na direção horizontal e ampliamos a curva por esse mesmo fator na direção horizontal. O fator de 5 resulta do cálculo de $\sqrt{Npq}$, em que N é o número de rodadas, p é a probabilidade de obtenção de vermelho, e q é a probabilidade de não obtenção de vermelho. O número exato é 4,99307. Arredondei para 5 por conveniência de instrução.

10. Primeiro temos de movimentar a curva com exatidão, para que seu meio caia acima de 50. Então, temos de calcular um escalar (um fator de escala) por meio do qual contraímos a curva horizontalmente e a ampliamos verticalmente. A movimentação foi uma questão de saber que existiam 100 rodadas do jogo.

11. O escalar é $\sqrt{Npq}$, em que N é o número de rodadas, p é a probabilidade de sucesso, e q é a probabilidade de insucesso ($q = 1 - p$). Em outras palavras, o escalar para nosso jogo específico de apostar vermelho na roleta é $\sqrt{100\left(\frac{9}{10}\right)\left(\frac{10}{9}\right)}$ = 4,99307, ou 5, aproximadamente.

12. O quadro geral de todo o escalonamento e a manipulação que fizemos pode ser visto como simples transformações das variáveis x e y em novas variáveis X e Y. Fizemos com que $X = x-a$ deslizasse com exatidão o gráfico original a unidades para a direita. Fizemos com que $X = x/b$ escalonasse horizontalmente o gráfico original por meio de um fator de b. Então, finalmente, fizemos com que $Y = cy$ escalonasse verticalmente o gráfico original por meio de um fator de c. No fim, obtivemos um novo gráfico: Y *versus* X. Para uma distribuição binomial de frequências, com p relativamente próximo de q, pode transformar x em X, fazendo com que

$$= \frac{x - \left(\frac{N}{2} + Np + \frac{1}{2}\right)}{\sqrt{Npq}}.$$

13. A curva representada pelo gráfico de $Y = \frac{1}{\sqrt{2\pi}} e^{-\frac{X^2}{2}}$ denomina-se distribuição normal padrão, que remonta a de Moivre e Laplace. É o que

obtemos da distribuição normal quando $y=\frac{1}{\sigma\sqrt{2\pi}}e^{-\frac{1}{2}\left(\frac{x-\mu}{\sigma}\right)^2}$, onde $\mu = 0$ e $\sigma^2 = 1$ (μ é a média e σ é o desvio padrão).

14. Karl Pearson. *The Chances of Death and Other Studies in Evolution.* Londres: Edward Arnold, 1897, 45.

15. Estamos falando a respeito da roleta em Mônaco. A roleta americana difere da europeia, incluindo uma fenda de duplo zero, além da fenda de zero. No entanto, a analogia com o cara ou coroa é muito semelhante; o duplo zero conta como vermelho e preto.

16. Pearson. *The Chances of Death and Other Studies in Evolution*, 55.

17. Ibid., 61.

18. Ibid., 55.

19. Warren Weaver. *Lady Luck, The Theory of Probability.* Garden City, NY: Doubleday, 1963, 282.

20. John Scarne. *Scarne's Complete Guide to Gambling.* Nova York: Simon & Schuster, 1961, 24.

Capítulo 8

1. E.H. McKinney. "Generalized Birthday Problem". *American Mathematical Monthly* 73, (1966): 385-387.

2. Persi Diaconis fornece um ajuste aproximado; os dados de Bruce Levin apontam para essa curva por meio da função $N \approx 47(k-1{,}5)^{3/2}$.

3. Richard von Mises. "Ueber Aufteilungs und Besetzungs-Wahrscheinlichkeiten". *Review of Faculty of Science. University of Istanbul* 4 (1939), 145-163.

4. Qual é a probabilidade $p(N)$ que um número seja escolhido duas vezes após N escolhas? A resposta é: $p(N) = \prod_{k-1}^{N-1}\left(1-\frac{k}{365}\right)$. Para calcular isso, consideramos o logaritmo natural de ambos os lados para obtermos: $\ln(p(N)) = \sum_{k=1}^{N-1}\ln\left(1-\frac{k}{365}\right)$. Como $\ln(1 + x) \approx x$, podemos aproximar cada termo k-enésimo do lado direito por meio de $-k/365$; assim, o lado direito torna-se, aproximadamente, $\frac{1}{365}\sum_{k-1}^{N-1}k \approx -\frac{1}{365}\left(\frac{N(N-1)}{2}\right)$,

que, por sua vez, é, aproximadamente, $-\frac{N^2}{730}$, para N grande. Assim, sabemos que $\ln(p(N)) \approx -\frac{N^2}{730}$. E se solucionamos para N, obtemos $N \approx \sqrt{2(365)(-1\text{n}p(N))}$. No caso em que $p = 1/2$, obtemos $N \approx 22{,}49$.

5. $N \approx \sqrt{2(9999(-1\text{n}(1/2))} \approx \sqrt{2(9999(-1\text{n}(1/2))} \approx 1{,}18\sqrt{9999} \approx 118$.

6. Considere o logaritmo natural de ambos os lados de $\left(\frac{364}{365}\right)^N = \frac{1}{2}$ para obter $N = \ln(1/2)/\ln(364/365) = 252{,}65$.

7. A equação a se solucionar é $\left(\frac{7299}{7300}\right)^N = \frac{1}{2}$. Ao se considerar o logaritmo natural de ambos os lados, verificamos que $N = \frac{\ln\left(\frac{1}{2}\right)}{\ln\left(\frac{7299}{7300}\right)}$ $= 5.104{,}65$.

8. Sir Arthur Eddington. *The Nature of the Physical World.* Nova York: Macmillan Company, 1927, 72.

9. As digitações das teclas são independentes; no entanto, algumas digitações podem ser mais prováveis do que outras, por causa de suas posições no teclado.

10. O gráfico de $P = (1 - (1/26)^5)^N$.

11. Émile Borel. "Mécanique Statistique et Irréversibilité". *Journal of Physics* series 5e, vol. 3 (1913): 189-196.

12. Sir James Jeans. *The Mysterious Universe.* Nova York: Macmillan, 1930, 4.

13. Darren Wershler-Henry. *The Iron Whim: A Fragmented History of Typewriting.* Ithaca, NY: Cornell University Press, 2007, 192.

Capítulo 9

1. O típico dado de jogo de tabuleiro possui os pontos entalhados nas laterais de um cubo. Cada entalhe é tão profundo quanto o outro; assim, o lado com seis entalhes é mais leve que o lado com um entalhe. Esse dado é desonesto, pois favorece os lados mais pesados. Para a fabricação de um dado honesto, o material entalhado de um lado deve pesar igual ao material entalhado de qualquer outro lado. A tinta para pintar os pontos também deve ser pesada e balanceada.

2. A uniformidade acontecerá na direção horizontal. O diferencial de pressão cria uma gradação contínua na direção vertical. Assim, leva um tempo maior para se ver a uniformidade vertical. Experimente com uma garrafa relativamente rasa para criar uma melhor uniformidade.

3. Veja Mark Kac. "Probability". *Scientific American*, setembro de 1964.

4. Jacob Bernoulli. *The Art of Conjecturing*, tradução de Edith Dudley Sylla. Baltimore: Johns Hopkins, 2006, 339.

5. William Paul Vogt e Robert Burke Johnson. *Dictionary of Statistics & Methodology: A Nontechnical Guide for the Social Sciences*. 4ª ed. Thousand Oaks, CA: SAGE Publications, 2011, 374.

6. Vogt e Johnson. *Dictionary of Statistics & Methodology*, 217.

7. Darrell Huff. *How to Lie with Statistics*. Nova York: Norton, 1993, 100-101.

8. Gary Taubes. "Do We Really Know What Makes Us Healthy?". *New York Times*, 16 de setembro de 2007.

9. J.H. Bennett (ed.). *Statistical Inference and Analysis: Selected Correspondence of R.A. Fisher*. Oxford: Oxford University Press, 1989.

10. Paul D. Stolley. "When Genius Errs: R.A. Fisher and the Lung Cancer Controversy". *American Journal of Epidemiology* 133, nº 5 (1991).

11. R.A. Fisher. *Collected Papers*, vol. 1, editado por J. H. Bennett. Adelaide, Austrália: Coudrey Offset Press, 1974, 557-561.

12. Ronald A. Fisher (cartas para a revista *Nature*). "Cancer and Smoking". *Nature* 182, 30 de agosto de 1958.

13. Stolley. "When Genius Errs".

14. Sir Ronald Fisher. "Cigarettes, Cancer, and Statistics". *Centennial Review* 2 (1958): 151-166.

15. Marcia Angell e Jerome Kassirer. "Clinical Research – What Should the Public Believe?". *New England Journal of Medicine* 331 (1994), 189-190.

16. Taubes. "Do We Really Know What Makes Us Healthy?".

17. Samuel Arbesman. *The Half-Life of Facts: Why Everything We Know Has an Expiration Date*. Nova York: Current, 2012, 7.

Capítulo 10

1. Woollcott. *While Rome Burns*. Nova York: Viking Press, 1934, 23.

2. Francesco é o terceiro nome mais comum na Itália, depois de Marco e Andre. Na Espanha, Manuela não está na lista dos cem nomes mais comuns.

3. Na realidade, dezesseis é um multiplicador conservador, pois Maria, Laura, Marta e Paula são nomes muito mais usados do que Manuela.

4. A partir do texto de Flammarion sobre essa história, não fica claro se as provas de impressão eram do livro que ele estava trabalhando ou de algum livro que já estava concluído.

5. Joseph Mazur. *What's Luck Got to Do with It?: The History, Mathematics, and Psychology of the Gambler's Illusion*. Princeton, NJ: Princeton University Press, 2010, 177-178.

6. De acordo com Nathaniel Rich. Veja Nathanial Rich. "The Luckiest Woman on Earth". *Harper's Magazine*, agosto de 2011. O número de Rich está fora em quase 1 milhão de vezes o seu cálculo. As chances contra corretas são mais de 2 nonilhões em 1. Um nonilhão é 1 seguido de 30 zeros.

Capítulo 11

1. Warren Goldstein. *Defending the Human Spirit: Jewish Law's Vision for a Moral Society*. Jerusalém, Israel: Feldheim, 2006, 269.

2. J. Boyer. "DNA on Trial". *New Yorker*, 17 de janeiro de 2000.

3. Michael R. Bromwich, chefe da equipe de investigação, HPD Crime Lab Independent Investigation Report, 11 de maio de 2006. Disponível em http://www.hpdlabinvestigation.org, acessado em 22 de agosto de 2014.

4. Tobias Jones. "The Murder That Has Obsessed Italy". *The Guardian*, 8 de janeiro de 2015.

5. William C. Thompson, Franco Taroni e Colin G.G. Aitken. "How the Probability of a False Positive Affects the Value of DNA Evidence". *Journal of Forensic Science* 48, nº 1 (janeiro de 2003), 47-54.

6. Ibid., 47.

7. Relatório da National Academy of Sciences (NAS), "Strengthening Forensic Science in the United States: A Path Forward" (2009).

8. Spencer S. Hsu, "D.C. Judge Exonerates Santae Tribble in 1978 Murder, Cites Hair Evidence DNA Test Rejected", *Washington Post*, 14 de dezembro de 2012.

9. NAS, "Strengthening Forensic Science", 160.

10. Norman L. Reimer, https://www.nacdl.org/champion.aspx?id=29488.

11. Veja o artigo do Innocence Project sobre Santae Tribble em http://www.innocenceproject.org/cases-false-imprisonment/santae-tribble.

12. Brandon L. Garrett. *Convicting the Innocent: Where Criminal Prosecutions Go Wrong*. Cambridge, MA: Harvard University Press, 2011, 101.

13. NAS Report, 86.

14. Garrett. *Convicting the Innocent*, 101.

15. O grupo materno e o grupo paterno contêm versões distintas dos mesmos genes. Geralmente, o tamanho do genoma é dado como o número de bases em um grupo de genes.

16. A citação é de alguém que não tinha nada a ver com esse caso: Anita Alvarez, procuradora do Condado de Cook, em Illinois.

17. Trisha Meili. *I Am the Central Park Jogger: A Story of Hope and Possibility*. Nova York: Scribner, 2004, 108.

18. Ibid., 6-7.

19. Jed S. Rakoff. "Why Innocent People Plead Guilty". *New York Review of Books* 61, nº 18, 20 de novembro de 2014, 16-18.

20. National Research Council Report. "The Growth of Incarceration in the United States" (2014).

21. Heather West, William Sabol e Sarah Greenman. "Prisoners in 2009", US Department of Justice, Bureau of Justice Statistics, 2009, rev. 27 de outubro de 2011; Lauren E. Glaze e Erinn J. Herberman. "Correctional Populations in the United States, 2012", US Department of Justice, Bureau of Justice Statistics (2013), disponível em http://www.bjs.gov/content/pub/pdf/cpus12.pdf; Todd D. Minton. "Jail Inmates at Midyear 2012 – Statistical Tables", US Department of Justice, *Bureau of Justice Statistics* 1 (2013), disponível em formato PDF em http://www.bjs.gov/content/pub/pdf/jim12st.pdf.

22. Em 2010, o sistema de justiça criminal federal e estadual norte-americano gastou um total de 260.533.129.000 de dólares. Isso inclui custos judiciais e legais (56,1 bilhões de dólares), custos de polícia (124,2 bilhões de dólares) e custos correcionais (80,24 bilhões de dólares).

23. Oliver Roeder, Lauren-Brooke Eisen e Julia Bowling. "What Caused the Crime Decline?". Brennan Center for Justice at NYU School of Law, relatório de investigação, 2015.

24. NAACP Legal Defense and Educational Fund, relatório trimestral do Criminal Justice Project. Quantidade total de presidiários no corredor da morte nas prisões norte-americanas em 1º de janeiro de 2014: 3.070; raça dos réus: brancos: 1.323; negros: 1.284; latinos: 388; indígenas: 30; asiáticos: 44.

25. NAACP Legal Defense Fund, "Death Row USA", 1º de janeiro de 2014.

26. R.J. Maiman e R.J. Steamer. *American Constitutional Law: Introduction and Case Studies*. St. Louis, MO: McGraw-Hill, 1992), 35.

27. Cass R. Sunstein. "The Reforming Father". *New York Review of Books*, vol. 51, nº 10, 5 de junho de 2014, 8.

28. Fontes: US Department of Justice, Bureau of Justice Statistics, "Capital Punishment" for the years 1968-2012; NAACP Legal Defense and Educational Fund, Inc. "Death Row USA" dos anos de 2013 e 2014.

29. Sunstein. "The Reforming Father", 10.

30. Relatório do Innocence Project, "Reevaluating Lineups: Why Witnesses Make Mistakes and How to Reduce the Chance of a Misidentification" (2009), 17.

31. Garrett. *Convicting the Innocent*, 5.

32. Innocence Project, "Reevaluating Lineups", 5.

33. The National Registry of Exonerations da University of Michigan Law School e Center on Wrongful Convictions da Northwestern University School of Law; veja http://www.law.umich.edu/special/exoneration/Pages/browse.aspx.

34. Esse foi supostamente o caso com Charles Hynes, advogado do distrito de Brooklyn, que foi acusado dessas práticas durante a audiência de dirimição de Jabbar Collins, que passou dezesseis anos na prisão por um assassinato que não cometeu. As indenizações foram acordadas para pagamento pela cidade de Nova York em 10 milhões de dólares. Veja Stephanie Clifford, "Exonerated Man Reaches $10 Million Deal with New York City", *New York Times*, 19 de agosto de 2014.

35. Goldstein. *Defending the Human Spirit*, 269.

Capítulo 12

1. Pasteur Vallery-Radot (ed.). *Oeuvres de Pasteur*, vol. 7. Paris, France: Masson and Co., 1939, 131.

2. Gerard Nierenberg. *The Art of Creative Thinking*. Nova York: Simon & Schuster, 1986, 201.

3. Bruce W. Lincoln. *Sunlight at Midnight: St. Petersburg and the Rise of Modern Russia*. Boulder, CO: Basic Books, 2002, 150-151.

4. Victor E. Pullin e W.J. Wiltshire. *X-rays: Past and Present*. Londres: E. Benn Ltd., 1927.

5. Röntgen achava que os raios X eram invisíveis. Na realidade, produzem um brilho azul acinzentado. Veja K.D. Steidley. "The Radiation Phosphene". *Vision Research* 30 (1990): 1139-1143.

6. W.R. Nitske. *The Life of Wilhelm Conrad Röntgen, Discoverer of the X Ray.* Tucson: University of Arizona Press, 1971.

7. Barbara Goldsmith. *Obsessive Genius: The Inner World of Marie Curie.* Nova York: W.W. Norton, 2005, 64.

8. Lawrence K. Russel. "Poem". *Life*, 27, 12 de março de 1896.

9. Goldsmith. *Obsessive Genius*, 65.

10. Howard H. Seliger. "Wilhelm Conrad Röntgen and the Glimmer of Light". *Physics Today*, novembro de 1995, 25-31.

11. "Fifty Years of X-Rays". *Nature*, 156, 3 de novembro de 1945, 531.

12. H.J.W. Dam. "The New Marvel in Photography". *McClure's Magazine* 6, nº 5, abril de 1896. A revista *McClure's* deixou de circular depois da crise de 1929. Felizmente, o Projeto Gutenberg arquivou quase todas as edições da *McClure's* digitalmente.

13. J. McKenzie Davidson. "The New Photography". *The Lancet* 74, I (21 de março de 1896): 795, 875.

14. *Nature* 53 (23 de janeiro de 1896): 274.

15. Otto Glasser. *Wilhelm Conrad Röntgen and the Early History of the Röntgen Rays.* San Francisco: Norman Publishing, 1993, 47-51.

16. *Atomic Physics*, filme produzido pela J. Arthur Rank Organization, 1948.

17. A partir da palestra inaugural de Louis Pasteur como professor e diretor da faculdade de ciência, Universidade de Lille, Douai, França, 7 de dezembro de 1854. Veja Houston Peterson (ed.). *A Treasury of the World's Great Speeches.* Nova York: Simon and Schuster, 1954, 473.

18. Isaac Newton. *The Correspondence of Isaac Newton, vol. 1. 1661-1675.* Editado por Turnbull. Cambridge, UK: Cambridge University Press, 1959, 416.

19. John of Salisbury. *The Metalogicon: A Twelfth Century Defense of the Verbal and Logical Arts of the Trivium*, tradução de Daniel McGarry. Baltimore: Paul Dry Books, 2009, 167.

20. Steven Weinberg. *Lake Views: This World and the Universe.* Cambridge, MA: Belknap Press, 2009, 187.

Capítulo 13

1. Razão sugerida por B.F. Skinner para a maior possibilidade que o jogador continuará a jogar.

2. James B. Stewart. "The Omen". *New Yorker*, 20 de outubro de 2008, 58.

3. Ibid., 63.

4. Nelson D. Schwartz. "A Spiral of Losses by a 'Plain Vanilla' Trader". *New York Times* (25 de janeiro de 2008).

5. Nick Leeson. *Rogue Trader*. Nova York: Time Warner, 1997.

6. Russell Baker. "A Fateful Election". *New York Review of Books*, 6 de novembro de 2008, 4.

7. Seth Stein e Michael Wysession. *An Introduction to Seismology, Earthquakes, and Earth Structure*. Hoboken, NJ: Wiley-Blackwell, 2002, 5-6.

8. Florin Diacu. *Megadisasters: The Science of Predicting the Next Catastrophe*. Princeton, NJ: Princeton University Press, 2010, 29.

9. Charles Richter. "Acceptance" of the Medal of the Seismological Society of America". *Bulletin of the Seismological Society of America* 67 (1977): 1.

Capítulo 14

1. Michael Shermer. *Why People Believe Weird Things*. Nova York: Henry Holt, 1997, 69.

2. Elizabeth Gilbert. *The Signature of All Things*. Nova York: Viking, 2013, 483.

3. Na realidade, foi um trabalhador chinês que descobriu a rã e a levou para Wallace.

4. Luis A. Cordón. *Popular Psychology: An Encyclopedia*. Westport, CT: Greenwood, 2005, 182.

5. D.J. Bern e C. Honorton. "Does Psi Exist? Replicable Evidence for an Anomalous Process of Information Transfer". *Psychological Bulletin* 115 (1994): 4-8.

6. Lourdes Garcia-Navarro. "Letter from Beyond the Grave: A Tale of Love, Murder and Brazilian Law". National Public Radio News, *Weekend Edition*, 9 de agosto de 2014.

7. Martin Gardner. *Fads and Fallacies in the Name of Science*. Nova York: Dover, 1957, 299-307.

8. Stanton Arthur Coblentz. *Light Beyond: The Wonderworld of Parapsychology*. Vancouver: Cornwall, 1981: 109-110.

9. Sir Hubert Wilkens e Harold Sherman. *Thoughts Through Space: A Remarkable Adventure in the Realm of the Mind*. Nova York: Hampton Roads, 2004, 26-27.

10. Eric Lord. *Science. Mind and Paranormal Experience.* Raleigh, NC: Lulu, 2009, 210-211.

11. Gardner. *Fads and Fallacies*, 351.

12. J.B. Rhine e L.E. Rhine. "An Investigation of a 'Mind Reading' Horse". *Journal of Abnormal and Social Psychology* 23, nº 4 (1929): 449.

13. C.D. Broad. "The Relevance of Psychical Research to Philosophy". *Philosophy* 24, no. 91 (1949): 291-309.

14. Joseph Banks Rhine. *The New World of the Mind.* Londres: Faber and Faber, 1953, 80.

15. Originalmente publicado em Ronald Aylmer Fisher. *Design of Experiments.* Londres: Oliver and Boyd, 1937, mas pode ser encontrado com mais facilidade em Ronald Aylmer Fisher. *Statistical Methods, Experimental Design, and Scientific Inference.* Oxford: Oxford University Press, 1990, 11-18.

16. Realmente, o ensaio de Fisher se propunha a ser a respeito do delineamento de experimentos e da preocupação com o erro subjetivo, mas, nesse caso, a história é usada para apontar a ligação entre matemática e experimento.

17. Fisher. *Statistical Methods*, 12.

18. George R. Price. "Science and the Supernatural". *Science*, new series, 122, nº 3165 (26 de agosto de 1955): 359-367.

19. H. Houdini. *A Magician Among the Spirits.* Nova York: Harper, 1924, 138.

20. Eclesiastes 1, 5-7

21. John Milton. *The Portable Milton*, editado por Douglas Bush. Nova York: Viking, 1961, 416-417.

22. Roald Dahl. *A fantástica fábrica de chocolate.* São Paulo: Martins Fontes, 2010.

Capítulo 15

1. Vladimir Nabokov. *Riso no escuro.* São Paulo: Companhia das Letras, 1998.

2. Eugene Ionesco. *A cantora careca.* São Paulo: Papirus, 1997.

3. Hilary P. Dannenberg. *Coincidence and Counterfactuality: Plotting Time and Space in Narrative Fiction.* Lincoln, NE: University of Nebraska Press, 2008, 90.

4. Minha tradução sofrível de um verso no fim da segunda estrofe de *Sir Gawain and the Green Knight*, tradução de Brian Stone (Nova York: Penguin, 1974), 22.

5. *Sir Gawain and the Green Knight.* Tradução de Jessie Weston, disponível em http://d.lib.rochester.edu/camelot/text/weston-sir-gawain-and-the-green-knight.

6. Ibid.

7. Ibid.

8. *Sir Gawain e o Cavaleiro Verde.* São Paulo: Francisco Alves, 1997.

9. Richard Boyle. "The Three Princes of Serendip". *Sunday Times* [Londres], 30 de julho e 6 de agosto de 2000.

10. Dov Noy, Dan Ben-Amos, Ellen Frankel. *Folktales of the Jews, Vol. 1, Tales from the Sephardic Dispersion.* Philadelphia, PA: The Jewish Publication Society, 2006, 318-319.

11. A carta era para Horace Mann, não o reformador da educação norte-americana, mas o baronete britânico e emissário para a corte, em Florença.

12. Robert K. Merton e Elinor Barber. *The Travels and Adventures of Serendipity: A Study in Sociological Semantics and the Sociology of Science.* Princeton, NJ: Princeton University Press, 2003, 3-4.

13. Boyle. "The Three Princes of Serendip".

14. *The Travels and Adventures of Three Princes of Serendip.* Londres: William Chetword, 1722.

15. Outros relatos da mesma história aparecem em Idries Shah (ed.). *World Tales: The Extraordinary Coincidence of Stories Told in All Times, in All Places.* Londres: Octagon, 1991, 336-339; e em Howard Kingscote e Pandit Natesa Sastri. *Tales of the Sun or Folklore of Southern India.* Whitefish, MT: Kessinger Publishing, 2010 (publicado originalmente por W.H. Allen, 1890), 140.

16. John Pier eJosé Angel Garcia Landa (eds.). *Theorizing Narrativity.* Berlim: Walter de Gruyter, 2007, 181.

17. Paul Auster. *Moon Palace.* Nova York: Viking, 1989, 236-237.

Epílogo

1. David Hand. *The Improbability Principle: Why Coincidences, Miracles, and Rare Events Happen Every Day.* Nova York: Farrar Straus and Giroux, 2014, 76. *Fluke* e *The Improbability Principle* são dois livros dife-

rentes, que abordam o assunto referente às coincidências de perspectivas distintas, que se complementam mutuamente.

2. Em 1980, o físico Luis Alvarez e seu fiilho, o geólogo Walter Alvarez, identificaram altas concentrações de irídio nos estratos geológicos que marcam o fim do período Cretáceo. A teoria (bastante polêmica) desde os anos 1980 até 2013 era que um imenso asteroide colidiu na Terra com grande impacto. Em 2013, Mukul Sharma e Jason Moore, do departamento de Geociências, em Dartmouth, apresentaram um trabalho na 44th Lunar and Planetary Conference a respeito da teoria de que não era um asteroide, mas sim um cometa.

Agradecimentos

Em primeiro lugar, quero agradecer à minha mulher, Jennifer Mazur. Desde o início, ela me deu seu apoio incondicional, preocupando-se com o fato de que este livro talvez reduzisse a força das místicas e dos encantos das grandes histórias. Ela é minha fortaleza, minha determinação e minha primeira revisora, uma pessoa que sempre faz uma crítica honesta e brutal, seguida por um conselho construtivo, para deixar as coisas melhores.

A ideia de escrever este livro não foi minha. Surgiu nas conversas ao jantar na residência dos bolsistas da Fundação Bogliasco. Por algum motivo inesperado, voltamos repetidas vezes às histórias de coincidência, oscilando entre relatos pessoais, contos folclóricos, histórias de ficção e crônicas de descobertas científicas acidentais. Toda noite pensava se conseguiria explicar matematicamente a frequência surpreendente de coincidências. Toda manhã chegava ao desjejum sentindo que estava pronto para explicá-las. À noite, minhas teorias estavam em pedaços, prontas para ser abandonadas e substituídas por argumentos com mais reflexão. Ainda assim, meus colegas da Bogliasco continuaram me estimulando a escrever um livro sobre coincidências. Assim, devo a inspiração deste livro, em primeiro lugar, à Fundação Bogliasco, e, em segundo, à casualidade das conversas com meus companheiros e companheiras residentes: Anne-Maric Baron, David Heymann, Sandra Heymann, Paul Kane, Tina Kane, Liliana Menendez, Alistair Minnis, Florence Minnis, Helen Simoneau, Lewis Spratlin e Melinda Spratlin. Eles contribuíram mais do que admitiriam para o meu entusiasmo pelo tópico.

Um agradecimento muito especial aos leitores generosos do original: Jeffrey Bower, Michelle Bower, Deborah Clayton, Lewis Cohen, Sorina Eftim, Julian Ferholt, Deborah Ferholt, Nancy Heinemann, Tom Jefferies, Peter Meredith, Sam Northshield, Todd Smith, George Szpiro e Jim Tober. Cada um contribuiu, direta e indiretamente, com a versão final deste livro.

George Feifer, autor de *A garota de Petrovka*, deu-me a versão mais próxima da original que consegui obter da famosa coincidência de Anthony Hopkins. Escrevi para Hopkins diretamente e para seu agente diversas vezes sem obter resposta. Francesco Marras, diretor da escola de italiano, Studitalia, deu-me um relato totalmente de primeira mão da coincidência relativa à troca de identidades. Agnes Krup me apresentou o problema desafiador de calcular a probabilidade que duas pessoas têm de se conhecerem e tomarem conhecimento que compartilham a mesma data de nascimento e ano. Lisa Paolozzi me contou sobre seu encontro duplo com o motorista de táxi albino.

Agradeço especialmente aos meus editores, TJ Kelleher e Ben Platt. Suas leituras meticulosas, suas críticas positivas e suas correções inteligentes sugeriram uma reestruturação que esclareceu significativamente o argumento central do livro. Agradeço também a To Quynh Do, editora associada da Basic Books, por suas respostas rápidas e inteligentes a todas as minhas perguntas, e ao meu agente, Andrew Stuart, que percebeu o potencial desse projeto em minha proposta, que era bastante concisa.

Índice remissivo

A

B

C

D

E

F

G

H

I

M

N

O

P

S

T

V

Y

1ª edição	*Outubro de 2016*
papel de miolo	*Pólen Soft 70g/m²*
papel de capa	*Cartão Supremo 250g/m²*
tipografia	*Linux Libertine*
gráfica	*Edelbra Gráfica Ltda.*